U0236824

水利水电工程施工实用手册

堤防工程施工

《水利水电工程施工实用手册》编委会　编

中国环境出版社

图书在版编目(CIP)数据

堤防工程施工 /《水利水电工程施工实用手册》编委会编. —北京:中国环境出版社,2017.12
(水利水电工程施工实用手册)
ISBN 978-7-5111-3425-7

Ⅰ.①堤… Ⅱ.①水… Ⅲ.①堤防－防洪工程－工程施工－技术手册 Ⅳ.①TV871.2-62

中国版本图书馆 CIP 数据核字(2017)第 292928 号

出 版 人	武德凯
责任编辑	罗永席
责任校对	尹 芳
装帧设计	宋 瑞

出版发行　中国环境出版社
　　　　　(100062 北京市东城区广渠门内大街 16 号)
　　　　　网　　址:http://www.cesp.com.cn
　　　　　电子邮箱:bjgl@cesp.com.cn
　　　　　联系电话:010-67112765(编辑管理部)
　　　　　　　　　　010-67112739(建筑分社)
　　　　　发行热线:010-67125803,010-67113405(传真)
　　　　　印装质量热线:010-67113404

印　　刷	北京盛通印刷股份有限公司
经　　销	各地新华书店
版　　次	2017 年 12 月第 1 版
印　　次	2017 年 12 月第 1 次印刷
开　　本	787×1092　1/32
印　　张	6.75
字　　数	176 千字
定　　价	20.00 元

《水利水电工程施工实用手册》
编 委 会

《堤防工程施工》

主　　编：郭明祥　甘维忠

副主编：许　歆　詹敏利　钱三强

参编人员：罗　毅　何文山　王　东　龚　静

　　　　　高　辉　王　艺　刘湘宁　肖昌虎

主　　审：杨维明　田育功

前　言

　　水利水电工程施工虽然与一般的工民建、市政工程及其他土木工程施工有许多共同之处，但由于其施工条件较为复杂，工程规模较为庞大，施工技术要求高，因此又具有明显的复杂性、多样性、实践性、风险性和不连续性的特点。如何科学、规范地进行水利水电工程施工是一个不断实践和探索的过程。近20年来，我国水利水电建设事业有了突飞猛进的发展，一大批水利水电工程相继建成，取得了举世瞩目的成就，同时水利水电施工技术水平也得到极大的提高，很多方面已达到世界领先水平。对这些成熟的施工经验、技术成果进行总结，进而推广应用，是一项对企业、行业和全社会都有现实意义的任务。

　　为了满足水利水电工程施工一线工程技术人员和操作工人的业务需求，着眼提高其业务技术水平和操作技能，在中国水利工程协会指导下，湖北水总水利水电建设股份有限公司联合湖北水利水电职业技术学院、中国水电基础局有限公司、中国水电第三工程局有限公司制造安装分局、郑州水工机械有限公司、湖北正平水利水电工程质量检测公司、山东水总集团有限公司等十多家施工单位、大专院校和科研院所，共同组成《水利水电工程施工实用手册》丛书编委会，组织编写了《水利水电工程施工实用手册》丛书。本套丛书共计16册，参与编写的施工技术人员及专家达150余人，从2015年5月开始，历时两年多时间完成。

　　本套丛书以现场需要为目的，只讲做法和结论，突出"实用"二字，围绕"工程"做文章，让一线人员拿来就能学，学了就会用。为达到学以致用的目的，本丛书突出了两大特点：一是通俗易懂、注重实用，手册编写是有意把一些繁琐的原理分析去掉，直接将最实用的内容呈现在读者面前；二是专业独立、相互呼应，全套丛书共计16册，各册内容既相互关联,又相对独立,实际工作中可以根据工程和专业需要,选择一本或几本进行参考使用,为一线工程技术人员使用本手册提供最大的便利。

《水利水电工程施工实用手册》丛书涵盖以下内容:

1)工程识图与施工测量;2)建筑材料与检测;3)地基与基础处理工程施工;4)灌浆工程施工;5)混凝土防渗墙工程施工;6)土石方开挖工程施工;7)砌体工程施工;8)土石坝工程施工;9)混凝土面板堆石坝工程施工;10)堤防工程施工;11)疏浚与吹填工程施工;12)钢筋工程施工;13)模板工程施工;14)混凝土工程施工;15)金属结构制造与安装(上、下册);16)机电设备安装。

在这套丛书编写和审稿过程中,我们遵循以下原则和要求对技术内容进行编写和审核:

1)各册的技术内容,要求符合现行国家或行业标准与技术规范。对于国内外先进施工技术,一般要经过国内工程实践证明实用可行,方可纳入。

2)以专业分类为纲,施工工序为目,各册、章、节格式基本保持一致,尽量做到简明化、数据化、表格化和图示化。对于技术内容,求对不求全,求准不求多,求实用不求系统,突出丛书的实用性。

3)为保持各册内容相对独立、完整,各册之间允许有部分内容重叠,但本册内应避免出现重复。

4)尽量反映近年来国内外水利水电施工领域的新技术、新工艺、新材料、新设备和科技创新成果,以便工程技术人员参考应用。

参加本套丛书编写的多为施工单位的一线工程技术人员,还有设计、科研单位和部分大专院校的专家、教授,参与审核的多为水利水电行业内有丰富施工经验的知名人士,全体参编人员和审核专家都付出了辛勤的劳动和智慧,在此一并表示感谢!在丛书的编写过程中,武汉大学水利水电学院的申明亮、朱传云教授,三峡大学水利与环境学院周宜红、赵春菊、孟永东教授,长江勘测规划设计研究院陈勇伦、李锋教授级高级工程师,黄河勘测规划设计有限公司孙胜利、李志明教授级高级工程师等,都对本书的编写提出了宝贵的意见,我们深表谢意!

中国水利工程协会组织并主持了本套丛书的审定工作,有关领导给予了大力支持,特邀专家们也都提出了修改意见和指导性建议,在此表示衷心感谢!

由于水利水电施工技术和工艺正在不断地进步和提高,而编写人员所收集、掌握的资料和专业技术水平毕竟有限,书中难免有很多不妥之处乃至错误,恳请广大的读者、专家和工程技术人员不吝指正,以便再版时增补订正。

让我们不忘初心,继续前行,携手共创水利水电工程建设事业美好明天!

《水利水电工程施工实用手册》编委会

2017 年 10 月 12 日

目 录

第一章

施 工 准 备

第一节 测量、放样

一、施工测量

堤防工程施工测量的主要任务是采用测量仪器,通过一定的技术方法把设计图纸的位置、数据、几何形状真实地放样到实地。因此,在土堤施工中施工测量是一项必不可少的关键技术环节。不同的施工阶段,不同的工序,工程开工之前及其施工过程中都要进行阶段性施工测量或跟踪测量,因而施工测量贯穿于整个工程施工的全过程,也是工程质量控制的重要依据。

参照《水利水电工程施工测量规范》(SL 52—2015),堤防工程测量工作应符合以下要求。

1. 堤防工程施工测量工作内容

(1) 根据工程施工总布置图和有关测绘资料,布设施工控制网。

(2) 针对施工各阶段的不同要求,进行建筑物轮廓点的放样及其检查工作。

(3) 提供局部施工布置所需的测绘资料。

(4) 按照设计图纸、文件要求,埋设建筑物外部变形观测设施,并负责施工期间的观测工作。

(5) 进行收方测量及工程量计算。

(6) 单项工程完工时,根据设计要求,对水工建筑物过流部位以及重要隐蔽工程、建筑物的各种重要孔(洞)的几何形体进行竣工测量。

2. 施工测量主要精度指标

表 1-1   **施工测量主要精度指标**

序号	项目	精度指标			说明
		内容	平面位置中误差/mm	高程中误差/mm	
1	混凝土建筑物	轮廓点放样	±(20~30)	±(20~30)	相对于邻近基本控制点
2	土石料建筑物	轮廓点放样	±(30~50)	±30	相对于邻近基本控制点
3	机电设备与金属结构安装	安装点	±(1~10)	±(0.2~10)	相对于建筑物安装轴线和相对水平度
4	土石方开挖	轮廓点放样	±(50~200)	±(50~100)	相对于邻近基本控制点
5	局部地形测量	地物点	±0.75(图上)	—	相对于邻近图根点
		高程注记点		1/3 基本等高距	相对于邻近高程控制点
6	施工期间外部变形观测	水平位移测点	±(3~5)	—	相对于工作基点
		垂直位移测点	—	±(3~5)	相对于工作基点
7	隧洞贯通	相向开挖长度小于 4km	贯通面	横向±50 纵向±100	±25	横向、纵向相对于隧洞轴线,高程相对于洞口高程控制点
		相向开挖长度 4~8km	贯通面	横向±75 纵向±150	±38	

3. 施工平面控制网坐标系统

施工平面控制网坐标系统宜与规划设计阶段的坐标系统一致,也可根据需要建立与规划设计阶段的坐标系统有换算关系的施工坐标系统。施工高程系统,必须与规划设计阶段的高程系统相一致,并应根据需要就近与国家水准点进行联测,其联测精度不宜低于本工程首级高程控制的要求。

4. 局部建筑工程部位相对精度要求

精度要求较高时,可单独建立高精度的控制网。控制网应结合实际情况进行专门设计。

5. 施工测量人员应遵守的准则

(1)在各项施工测量工作开始之前,应熟悉设计图纸,了解规范的规定,选择正确的作业方法,制定具体的实施方案。

(2)对所有观测数据应随测随记,严禁转抄、伪造。文字与数字应力求清晰、整齐、美观。对取用的已知数据、资料均应由两人独立进行百分之百的检查、核对,确信无误后方可提供使用。

(3)对所有观测记录手簿,必须保持完整,不得任意撕页,记录中间也不得无故留下空页。

(4)施工测量成果资料(包括观测记录手簿、放样单、放样记载手簿)、图表(包括地形图、竣工断面图、控制网计算资料)应予统一编号,妥善保管,分类归档。

(5)现场作业时,必须遵守有关安全、技术操作规程,注意人身和仪器的安全,禁止冒险作业。

(6)对于测绘仪器、工具应精心爱护,及时维护保养,做到定期检验校正,保持良好状态。对精密仪器应建立专门的安全保管、使用制度。

二、平面控制测量

1. 一般规定

(1)平面控制网的精度指标及布设密度,应根据工程规模及建筑物对放样点位的精度要求确定。

(2)平面控制网宜布设为全球定位系统(GPS)网、三角形网或导线网。GPS网、三角形网和导线网应按二等、三等、四等、五等划分,各种等级、各种类型的平面控制网,均可选为首级网。平面控制网适用范围按表 1-2 执行(SL 52—2015)。

表 1-2 各等级首级平面控制网适用范围

工程规模	混凝土建筑物	土石建筑物
大型水利水电工程	二等	二等、三等
中型水利水电工程	三等	三等、四等
小型水利水电工程	四等、五等	五等

（3）平面控制网的布设梯级，可根据地形条件及放样需要决定，以 1～2 级为宜。但无论采用何种梯级布网，其最末级平面控制点相对于同级起始点或邻近高一级控制点的点位中误差不应大于±10mm。

（4）首级平面控制网的起始点，应选在堤轴线或主要建筑物附近。以使最弱点远离堤轴线或放样精度要求较高的地区。

2. 技术设计

（1）平面控制网的技术设计应在全面了解工程建筑物的总体布置、工区的地形特征及施工放样精度要求的基础上进行。

设计前应搜集下列资料：①施工区现有地形图和必要的地质资料；②规划设计阶段布设的平面和高程控制网成果；③枢纽建筑物总平面布置图；④有关的测量规范和招投标文件资料。

（2）直线形建筑物的主轴线或其平行线，应尽量纳入平面控制网内。

（3）技术设计时应针对工程施工的精度和放样要求，进行网形的精度估算，确定最优方案。

3. 平面控制网选点、埋设及标志

（1）平面控制点应选在通视良好、交通方便，地基稳定且能长期保存的地方。视线离障碍物（上、下和旁侧）不宜小于2.0m，应避免视线通过吸热、散热不同和强电磁场干扰的地方，处于地势陡险的点位应采取措施便于标石浇造和观测。

（2）对于能够长期保存、离施工区较远的平面控制点，应着重考虑图形结构和便于加密；而直接用于施工放样的控制点则应着重考虑方便放样,尽量靠近施工区并对主要建筑物的放样区组成的图形有利。控制点的分布,应做到堤轴线以下的点数多于堤轴线以上的点数。

(3)位于主体工程附近的各等级平面控制点和主轴线标志点,应埋设具有强制归心装置的混凝土观测墩。

(4)观测墩上的照准标志,可采用各式垂直照准杆、平面觇牌或其他形式的精确照准设备。照准标志的形式、尺寸、图案和颜色,应与边长和观测条件相适应。

(5)照准标志底座平面应埋设水平。其不平度应小于 $4'$。照准标志中心线与标志点的偏差不得大于 1.0mm。

(6)平面控制埋石点均应绘制点之记,必要时应拍摄近景、远景照片。

4. 平面控制网的维护管理

平面控制网建成后,应加强维护管理,保障控制网点的正常使用和安全。建网后形成平面控制网布置图,各等级控制点应有醒目的保护设施,观测墩应有保护标芯的装置。当控制网点被人为或施工破坏后,且确认还需要此点位存在,应立即重建该控制点。随着工程的进展,应根据需要逐步扩展、加密控制网点,使施工放样直接在控制点或其加密点上进行。为及时发现和改正控制网点可能发生的位移,应对平面控制网的全部或局部进行定期的、随机的复测。

三、高程控制测量

1. 一般规定

(1)高程控制网的等级,依次划分为二、三、四、五等。首级控制网的等级,应根据工程规模、范围大小和放样精度高低来确定,其适用范围见表 1-3。

表 1-3　　　　　首级高程控制等级的适用范围

工程规模	混凝土建筑物	土石建筑物
大型水利水电工程	二等或三等	三等
中型水利水电工程	三等	四等
小型水利水电工程	四等	五等

（2）高程控制设计。高程控制测量的精度应符合下列要求：最末级高程控制点相对于首级高程控制点的高程中误差，对于混凝土建筑物应不大于±10mm，对于土石建筑物应不大于±20mm。在施工区以外布设较长距离的高程路线时，可按《国家一、二等水准测量规范》（GB/T 12897—2006）和《国家三、四等水准测量规范》（GB/T 12898—2009）中规定的相应等级精度标准进行设计。

（3）布设高程控制网时，首级网应布设成环形网，加密时宜布设成附合路线或结点网。其点位的选择和标志的埋设应遵守下列规定：

①点位应选在不受洪水、施工影响，便于长期保存和使用方便的地点。四等以上高程点的密度视施工放样的需要确定。一般要求在每一个重要单项工程的部位至少有2个高程点。五等高程点的布置应主要考虑施工放样、地形测量和断面测量的使用。

②可现浇混凝土标石或埋设预制标石，也可在裸露、稳定的基岩上制作岩石石标或埋设金属标志，在混凝土面上或墙体上埋设金属标志，在平面控制点标志上或在观测墩盘石面上埋设金属标志。埋设首级高程标石必须经过一段时间，待标石稳定后才能进行观测。

2. 水准测量

（1）参照《水利水电工程施工测量规范》（SL 52—2015）等级水准测量的主要技术要求应符合表 1-4 的规定。

表 1-4　　　　　　　等级水准测量的技术要求

等级	二	三	四	五
单位/mm	±1	±3	±5	±10
单位/mm	±2	±6	±10	±20
仪器型号	DS05，DS1	DS1，DS3	DS3	DS3
水准尺	因瓦	因瓦、双面	双面	双面、单面
观测方法	光学测微法或数字水准法	光学测微法或数字水准法	中丝读数法	中丝读数法

等级		二	三	四	五
观测顺序	往测	奇数站:后前前后 偶数站:前后后前	后前前后	后前前后	后前前后
	返测	奇数站:前后后前 偶数站:后前前后			
水准观测		往返	往返	单程	单程
往返较差、环线或附合线路闭合差/mm	平丘地	$\pm 4\sqrt{L}$	$\pm 12\sqrt{L}$	$\pm 20\sqrt{L}$	$\pm 30\sqrt{L}$
	山地	—	$\pm 4\sqrt{n}$	$\pm 6\sqrt{n}$	$\pm 10\sqrt{n}$

注:n 为水准路线单程测站数,每千米多于 16 站时,按山地计算闭合差限差;L 为闭合或闭合路线长度,km。

(2) 水准测量所使用的仪器及水准尺,应符合下列技术要求:①水准仪视准轴与水准管轴的夹角:DS05、DS1 型仪器不应大于 $\pm 15''$,DS3 型不应大于 $\pm 20''$;②二等水准采用补偿式自动安平水准仪,其补偿误差绝对值不应大于 $0.2''$;③水准尺上的每米间隔平均长与名义长之差:对于因瓦水准尺不应大于 ± 0.15mm,对于双面水准尺不应大于 ± 0.5mm。

(3) 水准观测应注意下列事项:①水准观测应在标尺成像清晰、稳定时进行,并用测伞遮蔽阳光,避免仪器曝晒,因瓦水准尺应使用尺撑固定,不宜用手扶尺;②严禁为了增加标尺读数,把尺垫安置在沟边或壕坑中;③同一测站观测时,不应两次调焦,转动仪器的倾斜螺旋和测微螺旋时,其最后均应为旋进方向;④每一测段的往测与返测,测站数均应为偶数,否则应加入标尺零点差改正,由往测转向返测时,两标尺必须互换位置并应重新整置仪器;⑤五等水准观测,可不受上述③、④款的限制。

3. 高程控制网的维护管理

平面控制网建成后,应加强维护管理,保障控制网点的正常使用和安全。为防止人员、车辆和机械在作业中造成对点位的损害,各等级高程控制点应有醒目的保护设施。随着工程的进展,为满足施工需要应及时加密网点。为及时发现和改正控制网点可能发生的沉降和破坏,应对高程控制网进行定期的、随机的复测,复测的频次和范围与平面控制网复测工作一致,并应同时进行。控制网整网和局部区域复测时,应按照建网时的网形结构和精度要求进行。

四、施工放样

1. 一般规定

(1)放样工作开始之前,应收集施工区平面与高程控制成果及放样相关资料,仔细查阅工程设计图纸,了解设计要求与现场施工需要、放样数据的准备、放样方案的编制、测量仪器和工具的检验和校正等。

(2)对于设计图纸中的有关数据和几何尺寸,应认真进行检核,确认无误后方可作为放样的依据。

(3)必须按正式设计图纸和文件(包括修改通知)进行放样,不得凭口头通知或未经批准的草图放样。

(4)使用的平面和高程控制网,应进行全部或部分的检测。控制网点密度不能满足放样需要时,应进行加密。

(5)所有放样点线均应有检核条件,现场取得的放样及检查验收资料,必须进行复核,确认无误后,方能交付使用。

(6)放样结束后,应向使用单位提供书面的放样成果单。

2. 放样数据准备

(1)放样前应根据设计图纸和有关数据及使用的控制点成果,计算放样数据,绘制放样草图,所有数据、草图均应经两人独立校核。用电算程序计算放样数据时,必须认真核对原始数据输入的正确性。

(2)应将施工区域内的平面控制点、高程控制点、轴线点、测站点等测量成果,以及工程部位的设计图纸中的各种坐标(桩号)、方位、尺寸等几何数据编制成放样数据手册,供放样人员使用。

(3)现场放样所取得的测量数据,应记录在规定的放样手簿中,所有栏目必须填写完整,字体应整齐清晰,不得任意涂改。填写内容包括:①工程部位,放样日期,观测、记录及检查者姓名;②放样点所使用的控制点名称,坐标和高程成果,设计图纸编号,使用数据来源;③放样数据及草图;④放样过程中的实测资料;⑤放样时所使用的主要仪器。

3. 平面位置放样方法的选择

应根据放样点位的精度要求、现场作业条件和拥有的仪器设备,选择适用的放样方法。

4. 高程放样方法的选择

(1) 根据放样点高程精度要求和现场的作业条件可分别采用水准测量法、光电测距三角高程法、GPS-RTK 高程测量法等。

(2) 对于高程放样中误差要求不大于 ± 10mm 的部位,应采用水准测量法,并注意以下几点:①放样点离等级高程点不得超过 0.5km;②测站的视距长度不得超过 150m,前后视距差不大于 50m;③尽量采用附合水准路线。

(3) 采用光电测距三角高程测设高程放样控制点时,注意加入地球曲率的改正,并校核相邻点的高程。

(4) 高层建筑物、竖井的高程传递,可采用光电测距三角高程法或用钢带尺进行。

5. 仪器、工具的检验

(1) 施工放样使用的仪器,应定期按下列项目进行检验和校正:①经纬仪的三轴误差、指标差、光学对中误差,以及水准仪的 i 角,应经常检验和校正;②光电测距仪的照准误差(相位不均匀误差)、偏调误差(三轴平行性)、加常数、乘常数,一般每年进行 1 次检验。若发现仪器有异常现象或受到剧烈震动,则应随时进行检校;③GPS 仪器、全站仪和数字水准仪应按相关规定检验,仪器内设参数不应随意改动。

(2) 使用工具应按下列项目进行检验:①钢带尺应通过检定,建立尺长方程式;②水准标尺应测定红黑面常数差和标尺零点差。标尺标称常数差与实测带数差超过 1.0mm

时,应采用实测常数差;标尺的零点差超过±0.5mm时,应进行尺底面的修理或在高差中改正;③塔尺应检查底面及接合处误差;④垂球应检查垂球尖与吊线是否同轴;⑤通风式干湿温度计、气压计每年送检1次;⑥对中杆应检查棱镜中心与对中杆中心是否在同一铅垂线上,用于对中杆垂直的气泡应经常检查。

第二节 料 场 核 查

一、核查内容

开工前,施工单位应对料场进行现场核查,内容如下:

(1)料场位置、开挖范围和开采条件、土料厚度及储量。料场要求可开采储量应大于填筑需要量的1.5倍。

(2)了解料场的水文地质条件和采料时受水位变动影响的情况。

(3)普查料场土质和土的天然含水率,并对筑堤土料的适用性作初步评估。

(4)核查土料特性,采集代表性土样,按《土工试验规程》(SL 237—1999)的要求做颗粒组成、黏性土的液塑限和击实、砂性土的相对密度等土料物理力学性能综合试验。

(5)有一定的备用料区,保留部分近料场用作紧急时抢加拦洪高程。

(6)料层剥离层薄,便于开采,获得率较高。

(7)采集工作面开阔,料场运距较短,附近有足够的废料堆放场地,最好能弃土还耕。

(8)取土区和弃土堆放场地应不占或少占耕地,不妨碍行洪排水。

(9)应根据设计文件要求划定取土区,并设立标志。严禁在堤身两侧设计规定的保护范围内取土。

筑堤土料的简易鉴别见表1-5。

表1-5

筑堤土料的简易鉴别

土的基本属性	SL237-1999 塑性图分类 符号	SL237-1999 塑性图分类 土名	SL260-2014 三角坐标分类 土名	湿土用手搓捻时的感觉	土块的干强度	干土块劈裂后的断口状态	可塑状态时能搓成的土条直径/mm	土的韧性	摇震反应
无黏性土	SW	良好级配砂	砂土	只有砂粒的感觉，粗细不一，级配良好	缺乏胶结性，松散不结块	—	无塑性	无	饱和含水量时呈流体态
无黏性土	SP	不良级配砂	砂土	只有砂粒的感觉，粗细均匀，级配不良	缺乏胶结性，松散不结块	—	无塑性	无	饱和含水量时呈流体态
	ML	低液限粉质土	粉砂	手感是均匀的极细砂粒，无黏附性	无-微	—	>2.5	无	快
	ML	低液限粉质土	粉土	手感是均匀的粉粒，有面粉感，黏附性弱	无-微	—	>2.5	无	快
	ML	低液限粉质土	轻、重砂壤土	手感有砂粒和粉粒，没有黏粒的感觉，黏附性弱	微	—	>2.5	无	快
	ML	低液限粉质土	轻、重粉质砂壤土	手感有砂粒和粉粒，没有黏粒的感觉，黏附性弱	微	—	>2.5	无	快
少黏性土	CL	低液限黏质土	轻壤土	感觉有砂粒，但含黏粒也不明显，手感以粉状为主，有弱的塑性和黏附性	低	断口粗糙，结构疏松，含砂粒。但以粉粒为主	>2.5	低-中	较慢
少黏性土	CL	低液限黏质土	轻粉质壤土	感觉有砂粒，但含黏粒也不明显，手感以粉状为主，有弱的塑性和黏附性	低	断口粗糙，结构疏松，含砂粒。但以粉粒为主	>2.5	低-中	较慢

土的基本属性	SL237-1999分类 塑性图分类		SL260-2014 三角坐标分类	湿土用手搓捻时的感觉	土在不同条件下的特征				
	符号	土名	土名		土块的干强度	干土块掰裂后的断口状态	可塑状态时能搓成的土条直径 mm	土的韧性	摇震反应
黏性土	CI	中液限黏质土	中壤土	感觉有砂粒，也感觉含黏粒，手感以粉状为主。土稍有塑性和黏附性	中	断口较糙，结构较疏松，含砂粒，但以粉粒为主	1~2.5	中	慢
			中粉质壤土						
			重壤土	感觉有砂粒，但手感以含黏粒为主。土有塑性和黏附性	中-高	断口粗糙，结构较密实，可见砂粒	1~2.5	中	很慢-无
			重粉质壤土						
	CI或CH	中高液限黏质土	砂质黏土	微感有砂粒，含黏粒为主，土的塑性和黏附性明显	中-高	断口粗糙，结构致密，可见砂粒	1~2.5	中-高	很慢-无
			粉质黏土						
	CH	高液限黏质土	黏土	完全感觉不到砂粒，黏附性大，手搓有滑腻感，塑性强	高-很高	质细如瓷片，断口结构致密，颗粒很细，看不到砂粒	<1.0	高	无

注：1. 本表适用于粒径小于0.5mm、无机质的粗、细粒土类，无机质土类；两种分类土名粗类对应。

2. 对砾质土、有机质土及膨胀土、分散性土、黄土、红黏土等特殊土类，需通过专门试验鉴定；

3. 选择筑堤土料，除土质条件外，尚应有适宜的天然含水量相匹配。

筑堤土料的适用性见表1-6。

表1-6 筑堤土料的适用性

土的基本属性	SL237—1999 塑性图分类		SL260—2014 三角坐标分类	各类土对筑堤的适用性				
				不同施工方法		不同堤身部位		
				分层碾压填筑法	输泥管式吹填法	均质堤	非均质堤	
	符号	土名	土名				防渗体	排渗体
无黏性土	SW	良好级配沙	砂土	√	√	×△	×	√
	SP	不良级配沙	砂土	√	√	×△	×	√
少黏性土	ML	低液限粉质土	粉砂	√	√	×	×	×
			粉土	√	+*	×△	×	×
			轻、重砂壤土	√	+*	+	×	×
			轻、重粉质砂壤土	√	+*	+	×	×
	CL	低液限黏质土	轻壤土	√	×	√	×	×
			轻粉质壤土	√	×	√	×	×
黏性土	CI	中液限黏质土	中壤土	√	×	√	√	×
			中粉质壤土	√	×	√	√	×
			重壤土	√	×	√	√	×
			重粉质壤土	√	×△	√	√	×
	CI或CH	中高液限黏质土	砂质黏土	√	×	√	√	×
			粉质黏土	√	×△	√	√	×
	CH	高液限黏质土	黏土	+	×	√	√	×
			重黏土	+	×	×	×	×

注：1. 本表适用于粒径小于0.5mm,无机的粗、细粒土类;两种分类土名属
　　　粗类对应;

　　2. 对砾质土、有机质土及膨胀土、分散性土、黄土、红黏土等特殊土类,需通
　　　过专门试验鉴定;

　　3. 选择筑堤土料,除土质条件外,尚应有适宜的天然含水量相匹配;

　　4. 表中符号的含义:√(适用),+(可用),×(不适用),△(特殊条件可用),
　　　*(需辅助设置内部排水系统)。

二、取土准则

均质土堤土料的选择应满足堤防设计防渗要求和就地取土原则。

从各类土的物理性质看,壤土和沙壤土透水性较沙土小,且有一定黏性,易压实或夯实,宜作为筑堤土料;沙土透水性较大,不宜单独用于筑堤;黏土有较好的不透水性,缺点是遇干易裂,遇湿易滑,遇冻易膨胀;最好选用黏粒含量15%~30%,塑性指数为10~20,天然含水率与最优含水率不超过±3%,且不含杂质的亚黏土。

如果当地只有沙土,用以筑堤时,应在临水坡外帮透水性较小的土料形成防渗斜墙,用于防渗;若附近只有黏土用来筑堤时,可用黏土作防渗心墙,在其外表覆盖一层透水性较大的土料,以防干裂和变形;若因当地无充足的黏土、亚黏土等透水性较小的土源,也可用透水性较大的砂砾料作为支承体,以黏性土为防渗体构造复式堤防。

取土时应遵循以下准则:

(1)筑堤取土的土场位置,应尽可能选择在临河外滩,因外滩取土可回淤还滩。堤内取土,既挖弃耕地,又易滋生险情。确需堤内取土,也应与改田造地相结合。取土场不宜距堤脚太近,一般应在堤脚 30m 以外。长江干堤的取土场,一般堤外在 50m 以内,堤内在 150m 以外。荆江大堤要求,堤外一律在距大堤平台脚 70m 以外,堤内距堤脚 300~500m以外。

(2)取土坑不宜太深,以防地表覆盖层被严重破坏。堤外一般不超过 2.0m;堤内不超过 1.0m。堤外取土坑每隔 30~50m 应留一条垂直堤线的土埂,以便作运土通道和避免在洪水期形成顺堤串坑,危及堤身安全,同时也有利于土坑的回淤。

(3)修堤土料应符合下列要求:①土料内不得掺有草根、树叶等有机物及砖石杂质;②不得使用腐殖土、冻土、大淤块、稀淤、飞砂等;③土块直径不得大于 5~8cm。

第三节　施工机械设备准备

一、施工机械选择原则

1. 基本条件

(1) 进行施工机械选择及计算应以下列内容为依据：①可行性研究阶段已完成的工程设计资料；②分项工程的工程量、工期、工程投资来源；③国内外主要施工机械制造厂家的产品目录和说明书；④国家颁布的施工机械台班定额和台班费定额；⑤类似工程的机械化施工总结；⑥施工现场调查资料。

(2) 选择施工机械需要收集下述资料：①施工现场的自然地形条件，包括地形、地质和水文气象等资料；②工程所在地区和施工现场情况，包括机械施工现场大小，对外水陆交通条件和运输能力，机械设备进入现场的运输方式；③施工地区能源供应情况；④国内承包市场的施工技术装备状况与经验，施工机械购置和租赁的可能性等；⑤机械化施工产生的噪声、废气、粉尘等污染造成的影响程度；⑥现阶段水电水利施工企业施工机械的装备及使用管理水平。

2. 选择原则

(1) 进行施工机械配套组合时，宜减少配套机械种类，同一类型的施工机械，其型号、生产厂家不应过杂。

(2) 选用施工机械，应选择适合水电水利工程施工技术水平和管理维修水平、零配件易于解决、技术性能先进的施工机械。

(3) 应优先选用通用施工机械，特定施工条件可考虑选用专用施工机械。

(4) 确定施工机械数量时，必须保证关键线路工程施工进度。为保证工程关键部位的施工质量，必须选择技术性能指标满足要求的施工机械。

3. 机械组合方案

(1) 施工机械配套组合时，应首先确定起主导控制作用的机械,其他与之配套的机械设备需要量,应根据主导机械而定,其生产能力应略大于主导机械的生产能力。

(2) 应用《水电水利工程施工机械选择设计导则》(DL/T 5133—2001)所列各类施工机械需要量计算公式时,有关参数可根据国内外施工经验总结、专业手册和制造厂家提供的资料加以综合分析确定。

(3) 计算施工机械数量时,必须满足各施工期施工进度和强度的要求,应扣除各施工期限内因各种原因造成机械停工的天数,并应考虑各种施工条件造成的施工不均匀程度。

(4) 施工机械配套组合方案,有条件的大型工程宜采用计算机系统仿真技术,解决影响因素多而复杂的施工机械选择和配套组合问题。应进行技术经济比较,确定机械类型和数量。

二、开挖和运输机械

(1) 应优先选用挖掘机作为大体积集中土石方开挖的主要机械。在开挖的主要机械确定之后,再选择配套的运输机械和辅助机械。其具体机型的选定,应充分考虑工程量大小、工期长短、开挖强度以及施工部位的特点和要求。

(2) 选择挖装机械时,应考虑挖装机械对梯段高度、岩石块度、工作面宽度和装车台阶高度等方面的要求。

(3) 在下列作业条件下,可选用装载机作为主要挖装机械。①挖Ⅲ级及以下土方;②挖装松散土方、砂砾石及爆破后块度适宜的石渣;③利用推土机带松土器对坚实黏土、冻土和软岩破碎后的土石方挖装;④由于施工场地狭窄,不便于挖掘机进入作业面作业的土石方挖装;⑤具有分散的作业点,但每个作业点土石方挖装量均不很大;⑥掌子面高度、装车台阶高度和作业面宽满足装载机作业要求;⑦运距短,可以使用装载机同时完成挖运作业。

(4) 与土石方开挖机械配套的运输机械主要选用不同类型和规格的自卸汽车。自卸汽车的装载容量应与挖装机械相匹配,其容量宜取挖装机械铲斗斗容的3～6倍。

（5）自卸汽车的车型选择应根据工程规模、运输强度、地形和工作面条件等进行技术经济比较后确定。汽车选型时应考虑的主要性能参数包括载重量、行驶速度、卸载方式、爬坡能力和最小转弯半径等。

（6）下列作业条件下宜选用推土机：①配合开挖机械做掌子面清理、渣堆集散工作；②具备挖掘机工作条件地段的土石推运（如炮台清理、边坡修整等）；③施工场地广阔，大方量嵌合紧密的坚实黏土及软岩的开挖；④小型基坑及不深的河渠土方开挖；⑤弃渣场的平整；⑥配合铲运机开挖助推。

三、水下土石方开挖和运输机械

（1）具备岸坡作业条件的水下土石开挖，应优先考虑选择不同类型和规格的反铲、拉铲和抓斗挖掘机。

（2）不具备岸坡作业条件的水下土石开挖，应选择水上作业机械，考虑的主要因素如下：①开挖地段的地形、地质、水深、水文及气象等自然条件，开挖的宽度；②可供选择的施工船舶类型及主要性能；③所挖土石的处理方法及地点；④船舶进出施工区的调遣方式；⑤开挖设备的生产能力与工程量、施工期限的关系；⑥工程费用等。

（3）选择水上作业机械时首先应根据下列作业对象和条件确定主要机械：①采集水下天然砂石料，宜用链斗或轮斗式采砂船；②挖掘水下土石方、爆破块石，包括水下清障作业，宜用铲斗船；③范围狭窄而开挖深度大的水下基础工程，宜用抓斗船；④深井开挖、坝下游清淤等，可用吸石机施工；⑤开挖松散砂壤土、淤泥及软塑黏土等，宜用铰吸式挖泥船。

（4）对水下石方实施钻爆时，应优先选用移动式钻爆工作船作业。在工程规模小的浅水区域，可考虑用固定支架平台作业。

（5）水上作业机械需要与拖轮、泥驳等设备配套。

四、土石料的开采和运输机械

土料开采如用立面开采法，宜选用挖掘机、装载机或斗轮式挖掘机，并优先采用挖掘机开采配自卸汽车运输的方案。土料如用平面开采法,宜选用推土机或铲运机。

砂砾料及天然反滤料如用水上开采法,可选用正铲、反铲、拉铲、推土机或铲运机(要求物料粒径适宜);如用水下开采法,可采用采砂船、拉铲或反铲。

石料如用露天开采,宜选用潜孔钻机或履带凿岩机进行爆破法开采;如用洞室爆破法开采,可根据断面大小选用相应规格的凿岩台车进行全断面开采,或选用各种型号的履带式钻车或轮胎式钻车进行大断面洞室开采。石料的装料及运输宜选用装载机或正铲挖掘机配自卸汽车。

土石料运输机械的选用应综合考虑所配的开采机械以及铺填作业机械。如果是多种运输配套接力运输,应慎重考虑物料的转运设施。

五、混凝土运输机械

(1)选择混凝土运输机械时应考虑下列因素:①运输过程中应保持混凝土的均匀性及和易性,不发生漏浆、分离和严重泌水现象,并使坍落度损失较少;②尽量缩短运输时间,避免混凝土温度有过多的回升(夏季)或损失(冬季),应减少倒运次数,防止混凝土分离。

(2)选择混凝土运输机械的类型和型号时,首先应与选定的浇筑机械协调配套;同时还应考虑工程地形条件、卸料点的要求、混凝土量的大小、运输强度和运距等因素。确定运输机械数量时,应保证浇筑机械能充分发挥生产率,应满足施工进度安排的不同施工时段和不同施工部位浇筑强度的要求,应与混凝土拌和、浇筑入仓和平仓振捣能力相适应。

(3)混凝土的运输可采用混凝土搅拌运输车、自卸汽车、皮带机及混凝土泵车等。混凝土入仓可采用混凝土泵(或混凝土泵车)、斜坡喂料车及溜槽等设备,但宜优先选用混凝土搅拌运输车和带橡胶缓冲挡板的斜溜槽,分别作为混凝土水平及斜坡运输设备。

六、场内运输设备

(1)应根据已确定的场内运输方案、现场条件和配套设施的标准、布置及规模,选择相适应的车种和车型:①运量大运输强度高,宜选用大吨位车辆;②场内路况条件差,应选用功率大、爬坡能力强、变速换挡方便、转弯半径小、重心低、底盘结构简单牢固、制动性能和通过性能好,悬挂系统能满足行驶平顺性和稳定性要求的车辆;③卸料场地狭长,宜选用侧卸式、底卸式车辆或轴距短、车厢短的后卸式矿用车。

(2)选择场内运输车辆的车种、车型时,应考虑所运物料的特性和装卸方式:①运输土石方、混凝土料、砂浆、砂石料、块石宜选用矿山型车辆;②散装物料宜选用自卸式车辆或专用车辆;③低温条件下,宜选用能利用废气烘烤车厢的车辆。

(3)装卸机械的配置应根据装卸点的分布情况、转运装卸点场地的大小、货流变化规律、货物种类等确定。

七、其他机械的选择

(1)水泥砂浆和水泥黏土浆宜选用立式双层浆液搅拌机;原浆(如泥浆)宜选用双轴卧式搅拌机;化学浆液应选用专用的搪瓷、钢化玻璃、不锈钢或硬质塑料容器并具搅拌叶片的搅拌机。

(2)振捣器选型应考虑仓面大小、结构型式、铺料厚度、坍落度和级配等因素。

(3)反滤料的铺填宜采用后卸式或侧卸式自卸汽车或装载机。

(4)反滤料的压实宜选用振动平碾、气胎碾或平板振动打夯机。

(5)碾压机械的工作参数可根据类似工程的施工经验或通过计算初步确定,但必须通过碾压试验,选定各项施工参数。

(6)水泵选型应满足排水所需的最大扬程和流量的要求,满足现场排水系统规划布置的要求。

(7)抽水机械的配套,在满足总容量要求的前提下,应兼顾初期排水和经常性排水两个方面,宜大小容量搭配、高低扬程结合,并满足现场水泵布置机动灵活,拆迁转移方便的要求。

第四节 其 他 准 备 工 作

（1）施工机械、施工工具、设备及材料的型号、规格、技术性能应根据工程施工进度和强度合理安排与调配。

（2）检修与预制件加工等附属企业与设施，应按所需规模及时安排。

（3）根据工程施工进度及时组织材料进场，并应事先对原材料和半成品的质量进行检验。

第二章

度汛与导流

第一节　度汛与导流洪水标准

（1）堤防工程施工期的度汛、导流，应根据设计要求和工程需要，编制方案，并报有关单位批准。

（2）堤防工程跨汛期施工时，其度汛、导流的洪水标准，应根据不同的挡水体类别和堤防工程级别，参考《水利水电工程施工导流设计规范》（SL 623—2013）按表 2-1 采用。

表 2-1　　　　度汛、导流的洪水标准　　　（单位：年）

挡水体类别	1、2 级	3 级及以下
堤防	10～20	5～10
围堰	5～10	3～5

（3）挡水堤身或围堰顶部高程，应按照度汛洪水标准的静水位加波浪爬高与安全加高确定。当度汛洪水位的水面吹程小于 500m、风速在 10m/s 以下时，堤（堰）顶高程可仅考虑安全加高。安全加高按表 2-2 的规定取值。

表 2-2　　堤防及围堰施工度汛、导流安全加高值　（单位：m）

堤防工程级别		1	2	3
安全加高	堤防	1.0	0.8	0.7
	围堰	0.7	0.5	0.5

（4）度汛时如遇超标准洪水，应及时采取紧急处理措施。

（5）围堰截流方案应根据龙口水流特征、抛投物料种类和施工条件选定，并应备足物料及运输机具。合龙后应注意闭气，保证围堰上升速度高于水位上涨速度。

（6）挡水围堰拆除前，应对围堰保护区进行清理，并对挡水位以下的堤防工程和建筑物进行分部工程验收。

第二节　度汛应急工作

一、应急工作基本原则

1. 以防为主、常备不懈

防汛抗洪工作坚持"安全第一，常备不懈，以防为主，全力抢险"的方针，采取常规工程措施和非常规工程措施并举的方法，积极制定并实施防汛抗洪应急预案，加强预警机制，做到防患于未然。

2. 科学调度、全力抢险

发生洪水险情后，各级救援队伍及相关救援力量迅速到位。按照应急预案采取有效措施全力组织抢救。最大限度地避免人身伤亡，减少财产损失。全力保护人民生命财产安全。当遇到分洪时，及时做好人员、设备的撤离工作。

二、汛期防护

（1）工厂、生活区等处修建临时挡水围埝，并开挖临时排水沟，做好防雨措施。

（2）对所有排水设备进行统一检查保养，确保其运行良好，可以随时投入使用。

（3）汛期过后，及时清除积淤，恢复生产。

（4）雨季开挖沟槽时，防止雨水进入沟内。如将开挖沟槽土堆放在沟槽两侧或设防水土堤等。

三、防汛工作安排

1. 组织措施

防汛期间项目部设立防汛领导工作小组，按设计要求和现场施工情况制定度汛措施，报建设单位（监理）审批后成立防汛抢险队伍，配备足够的防汛物资，对相关人员进行教育，增强防汛意识和防汛期间的安全意识，随时做好防汛抢险的准备工作。

防汛领导小组职责：①防汛领导小组应加强与上级主管

部门和地方政府防汛部门的联系,听从统一防汛指挥,认真贯彻、传达上级机构在汛期的各项指令和文件要求;②及时收集汛期水文气象、水情预报信息;③组织制订防洪度汛方案和超标准洪水应急预案,并组织实施;④负责防洪抢险队伍的建立及抢险物资的准备,组织防汛演练;⑤防汛期间,应组织专人对围堰、子堤等重点防汛部位巡视检查,观察水情变化,发现险情及时进行抢险加固或组织撤离;⑥负责恢复常态后的善后处理,组织恢复生产,总结经验,完善防洪度汛措施,并及时向上级单位汇报。

组员职责:组员分为信息组、工地值班组、物资设备保障组、抢险施工组,由相关部门人员担任,各组职责如下:①信息组:收集天气预报、水文水情信息,保持与防汛机构的联系,随时向组长汇报;②工地值班组:对汛情和现场情况进行实时监控、预警;③物资设备保障组:负责设备的管理、维护保养,保证抢险过程中物资设备随时供应和使用;④抢险施工组:负责组织抢险加固作业的具体实施和物资设备、人员的撤离。

2. 物资设备保障

做好防汛抢险物资设备的准备,储备足够的防汛机械、防汛物资和材料。

(1) 配置挖掘机、装载机、载重运输车辆、水泵、发电机、生活车等,充分发挥大型机械设备的效能,提高抢险能力。

(2) 配备足够的照明器材、草袋、编织袋、砂石、黏土料源、圆木、钢轨、钢钎、大锤、镐、锹、苫布、水上救生衣、安全帽、拖绳、小型抢险工具等抢险器材等,平时加强救灾物资的储备工作,保证汛情出现能及时供应和调用。

3. 度汛应急措施

(1) 汛前对项目部人员进行防汛知识普及教育,提高防汛认识。制定防汛预案,度汛应急各项工作听从防汛工作领导小组统一指挥,各应急救援职能组各尽其职,各负其责,各抢险队做好分工安排,做到忙而不乱,相互协作配合。

(2) 汛前进行抗洪演练,包括物资设备转移、人员救助、信息传递、网络通信、突击抢险等。

（3）专人负责气象、水文信息的收集，并及时与防洪指挥部取得联系，做好防汛防洪统一调配工作，以便在洪水来临之时果断采取有力措施，使施工掌握主动，减免损失。

（4）汛前统一将防汛机械全部修理保养一遍，以备随时使用，所有的设备必须运行良好。各种防汛物资准备充足。

（5）防汛期间做好工地的供电安全检查工作，保证汛期输电线路的畅通。

（6）加强对施工道路的维护，保证洪水来临前道路的畅通，以便人员、物资和设备及时措施危险区。

（7）及时疏通工地的导流管道、排水渠道，配合集水池及潜水泵及时排水，保证工地排水通畅。

（8）汛前完成的构筑物，抓紧按照要求完成回填，暂时不用的物资、设备和设施要提前撤离现场。

（9）将工程资料和信息资料等保管好，便于应急转移。

（10）洪水来临前，生活区必备食物、防疫药品等，与当地医院订立医保合同，保证抗洪期间的救护工作；洪水一旦爆发，首先保障人身安全、工程资料的完整和机械设备的转移。

（11）发生超标准洪水时，成立以青年工人为骨干的防洪抗灾突击队，负责工地抢险工作的具体实施。配备人员24h轮流值班，密切注意雨情、水情预报，防汛重点部位专人负责，一旦发现异常情况，立即通知防汛领导小组，及时抢险。

第三章

筑　堤　材　料

第一节　堤　料　选　择

一、材料的选择

根据《堤防工程设计规范》(GB 50286—2013)的规定,材料的选择要符合以下要求。

(1) 土料、石料及砂砾料等筑堤材料的选择应符合下列规定:①土料:均质土堤宜选用亚黏土,黏粒含量宜为 10%～35%,塑性指数宜为 7～20,且不得含植物根茎、砖瓦垃圾等杂质;填筑土料含水率与最优含水率的允许偏差为±3%;铺盖、心墙、斜墙等防渗体宜选用黏性较大的土;堤后盖重宜选用砂性土;②石料:抗风化性能好,冻融损失率小于 1%;砌墙石块质量可采用 50～150kg,堤的护坡石块质量可采用 30～50kg;石料外形宜为有砌面的长方体,边长比宜小于 4;③砂砾料:耐风化、水稳定性好;含泥量宜小于 5%;④混凝土骨料应符合国家现行标准《水利水电工程天然建筑材料勘察规程》(SL 251—2015)的有关规定。

(2) 下列土不宜作堤身填筑土料,当需要时应采取相应的处理措施:①淤泥或自然含水率高且黏粒含量过多的黏土;②粉细砂;③冻土块;④水稳定性差的膨胀土、分散性土等。

(3) 采取对土料加工处理或降低设计干密度、加大堤身断面和放缓边坡等措施时,应经技术经济比较后确定。

(4) 土堤的填筑密度,应根据堤防级别、堤身结构、土料特性、自然条件、施工机具及施工方法等因素,综合分析确定。

(5) 黏性土土堤的填筑标准应按压实度确定。压实度值应符合下列规定:①1级堤防不应小于0.95;②2级和高度超过6m的3级堤防不应小于0.93;③3级以下及低于6m的3级堤防不应小于0.91。

(6)无黏性土土堤的填筑标准应按相对密度确定,1级、2级和高度超过6m的3级堤防不应小于0.65,低于6m的3级及3级以下堤防不应小于0.60。有抗震要求的堤防应按现行标准《水电工程水工建筑物抗震设计规范》(NB 35047—2015)的有关规定执行。

(7)溃口堵复、港汊堵口、水中筑堤、软弱堤基上的土堤,设计填筑密度应根据采用的施工方法、土料性质等条件,并结合已建成的类似堤防工程的填筑密度分析确定。

(8)土石混合堤、砌石墙(堤)以及混凝土墙(堤)施工所采用的石料和砂(砾)料质量,应符合《水利水电工程天然建筑材料勘察规程》(SL 251—2015)的要求。

(9)不同粒径组的反滤料应根据设计要求筛选加工或选购,并需按不同粒径组分别堆放;用非织造土工织物代替时,其选用规格应符合设计要求或反滤准则。

(10)堤身及堤基结构采用的土工织物、加筋材料、土工防渗膜、塑料排水板及止水带等土工合成材料,应根据设计要求的型号、规格、数量选购,并应有相应的技术参数资料、产品合格证和质量检测报告。

(11)采集或选购的石料,除应满足岩性、强度等性能指标外,砌筑用石料的形状、尺寸和块重按国家现行标准《堤防工程施工规范》(SL 260—2014),应符合表3-1的质量标准。

表3-1   石料形状尺寸质量标准

项目	质量标准		
	粗料石	块石	毛石
形状	棱角分明,六面基本平整,同一面上高差小于1cm	上下两面平行,大致平整,无尖角、薄边	不规则(块重大于25kg)
尺寸	块长大于50cm,块高大于25cm,块长:块高小于3	块厚大于20cm	中厚大于15cm

二、料场的选择

(1) 料场位置的选择：①开工前，应根据设计要求、土质、天然含水量、运距、开采条件等因素选择取料区。料场宜选择便于开采，贮量相对集中，料层厚，无用层及覆盖层相对较薄的料场，可开采量能满足工程需用量。②选择混凝土骨料的料场时应经过技术经济比选确定。选用人工骨料时，宜选用破碎后粒型良好且硬度适中的料场作为料源。

(2) 确定料场储量应符合《水利水电工程天然建筑材料勘察规程》(SL 251—2015)的规定。可采量确定应符合下列规定：①陆上开采料场的可采量应根据勘察储量，扣除陆上开采损失及运输平台等所占用的储量后确定；②水下开采料场的可采量应根据勘察储量，扣除水下开采损失后确定。

(3) 料场材料质量应满足《水利水电工程天然建筑材料勘察规程》(SL 251—2015)的规定和设计要求。必要时可通过试验，研究确定料场材料适用性。

第二节　料场的开采方式

陆上料区开挖前必须将其表层的杂质和耕作土、植物根系等清除。水下料区开挖前应将表层稀软淤土清除。土料的开采应根据料场具体情况、施工条件等因素选定，并应符合下列要求：

(1) 料场建设：①料场周围布置截水沟，并做好料场排水措施；②遇雨时，坑口坡道宜用防水编织布覆盖保护。

(2) 土料开挖方式：①土料的天然含水量接近施工控制下限值时，宜采用立面开挖；若含水量偏大，宜采用平面开挖；②当层状土料有需剔除的不合格料层时，宜用平面开挖，当层状土料允许掺混时，宜用立面开挖；③冬季施工采料，宜用立面开挖；④取土坑壁应稳定，立面开挖时，严禁掏底施工。

(3) 料场的使用顺序宜为：先近后远、先水上后水下、先库区后坝下，做到就近取料，高料高用，低料低用，避免上下游料物交叉使用。

（4）料场开采宜不占或少占耕地、林地及房屋；应采取措施满足环境保护和水保要求；有复耕要求的应予以复耕。

（5）料场开采规划应遵守下列原则：①应根据料场所在地区的水文、气象、地形条件以及对外交通现状，研究料场开采的道路布置、开采顺序并合理选择采、挖、运设备，满足高峰期采运强度要求；②若料场比较分散，上游料场宜用于前期施工，近距离料场宜作为调剂高峰用；③拟订分期开采计划，并能连续均衡开采；④受洪水或冰冻影响的料场应有备料，并有防洪或冬季开采等措施。

（6）土料开采和加工处理应符合下列规定：①根据土层厚度、土料物理力学特性、施工特性和天然含水量等条件研究确定主次料场，分区开采规划和开采方式；②开采加工能力应能满足堤身填筑强度要求；③若料场土料天然含水量偏高、偏低或物理力学特性不能满足设计及施工要求，可通过技术经济比较选择具体措施进行调整。

（7）砂砾石料开采和加工处理应符合下列规定：①当含泥量超标时，可用冲洗法或其他措施减少含泥量；软弱颗粒超标时，可采用加入人工骨料的方法解决；②应考虑工程施工期间由于河道水流条件发生改变，造成料场储量、砂石料级配以及开采运输条件变化的情况，并采取相应处理措施。

（8）选择大型采沙船应考虑下列因素：①设备进场、退场的可行性；②选择合理的开采水位，研究开采顺序和作业线路，宜创造静水和低流速开采条件；③如开采过程中细砂流失而导致砂料细度模数增大，应采取必要措施回收细砂。

（9）石料场可采用台阶法、洞室爆破法进行开采，必要时可用洞挖法取料。

（10）运输方式应根据运输量、开采、运输设备型号、运距、地形条件以及临建工程量等资料，通过技术经济比较后选定。

（11）料物堆存应有防洪、排水、防污染、防分离和散失的措施。

（12）料场规划及开采中应使料物及弃渣的总运输量最小。应做好场料平衡，弃渣无隐患，满足环境保护和水土保持要求。

第三节 碾 压 试 验

一、试验目的

（1）核查土料压实后是否能够达到设计压实干密度值。

（2）检查压实机具的性能是否满足施工要求。

（3）选定合理的施工压实参数：铺土厚度、土块限制直径、含水量的适宜范围、压实方法和压实遍数。

（4）确定有关质量控制的技术要求和检测方法。

二、碾压试验的基本要求

（1）试验应在开工前完成。

（2）试验所用的土料应具有代表性，并符合设计要求。

（3）试验时采用的机具应与施工时使用机具的类型、型号相同。

三、压实机械的选择

根据工程要求，选择压实机械时应考虑以下因素：①堤料类别；②各种堤料设计压实标准；③各种堤料的填筑强度；④牵引设备；⑤气候条件；⑥机械修理及维修条件。

四、碾压试验场地布置

（1）碾压试验选择有代表性的地段进行。试验前应将堤基平整清理，并将表层压实至不低于填土设计要求的密实程度。

（2）碾压试验的场地面积应不小于 20m×30m。

（3）将试验场地以长边为轴线方向，划分为 10m×15m 的 4 个试验小块。

五、碾压试验方法及质量检测项目

（1）在场地中线一侧的相连两个试验小块，铺设土质、天然含水量、厚度均相同的土料；中线另一侧的两个试验小块，土质和土厚均相同，含水量较天然含水量分别增加或减少某一幅度。

（2）铺土厚度和土块限制直径依据国家现行标准《堤防工程施工规范》(SL 260—2014)，按表 3-2 选取。

表 3-2　　　　　　　　　铺料厚度和土块直径限制尺寸

压实功能类型	压实机具种类	铺料厚度/cm	土块限制直径/cm
轻型	人工夯、机械夯	15～20	≤5
	5～10t 平碾	20～25	≤8
中型	12～15t 平碾 斗容 2.5m³ 铲运机 5～18t 振动碾	25～30	≤10
重型	斗容大于 7m³ 铲运机 10～16t 振动碾 加载气胎碾	30～50	≤15

（3）每个试验小块按预定计划、规定的操作要求,碾压至某一遍数后,相应在填筑面上取样做密度试验。

（4）每个试验小块,每次的取样数应达 12 个,采用环刀法取样,测定干密度值。

（5）应测定压实后土层厚度,并观察压实土层底部有无虚土层、上下层面结合是否良好、有无光面及剪力破坏现象等,并做记录。

（6）压实机具种类不同,碾压试验应至少各做 1 次。

（7）若需对某参数做多种调控试验时,应适当增加试验次数。

（8）碾压试验的抽样合格率,宜比表 3-3 规定的合格率提高 3 个百分点。

表 3-3　　　　　碾压土堤单元工程压实质量合格标准

堤型		筑堤材料	干密度合格率	
			1级、2级土堤	3级土堤
均质堤	新筑堤	黏性土	≥85%	≥80%
		少黏性土	≥90%	≥85%
	老堤加高培厚	黏性土	≥85%	≥80%
		少黏性土	≥85%	≥80%
非均质堤	防渗体	黏性土	≥90%	≥85%
	非防渗体	少黏性土	≥85%	≥80%

注：合格标准必须同时满足下列条件：①不合格样干密度值不得低于设计干密度值的 96%；②不合格样不得集中在局部范围内。

六、成果整理

（1）试验完成后，应及时对试验资料进行整理分析，绘制干密度值与压实遍数的关系曲线等。

（2）根据碾压试验结果，提出正式施工时的碾压参数。若试验时质量达不到设计要求，应分析原因，提出解决措施。

第四节　混凝土材料质量要求

一、水泥

依据国家现行标准《水工混凝土施工规范》(SL 677—2014)，水泥应符合以下要求。

（1）每一个工程所用水泥品种以 1～2 种水泥为宜，并应固定供应厂家。

（2）选择水泥品种应符合下列原则：①水位变化区外部混凝土、溢流面和经常受水流冲刷部位的混凝土及有抗冻要求的混凝土，宜选用中热硅酸盐水泥或硅酸盐水泥，也可选用普通硅酸盐水泥；②内部混凝土、水下的混凝土和基础混凝土，宜选用中热硅酸盐水泥，也可选用低热矿渣硅酸盐水泥、矿渣硅酸盐水泥、火山灰质硅酸盐水泥、粉煤灰硅酸盐水泥、普通硅酸盐水泥和低热微膨胀水泥；③环境水对混凝土有硫酸盐侵蚀性时，应选用抗硫酸盐水泥。

（3）选用的水泥强度等级应与混凝土设计强度等级相适应。水位变化区、溢流面和经常受水流冲刷部位、抗冻要求较高的部位，宜使用较高强度等级的水泥。

（4）选用的水泥必须符合现行国家标准的规定，并可根据工程的特殊需要对水泥的化学成分、矿物组成和细度等提出专门要求。

（5）运至工地的每一批水泥，应有生产厂的出厂合格证和品质试验报告，使用单位应进行验收检验（每 200～400t 同厂家、同品种、同强度等级的水泥为一取样单位，如不足 200t 也作为 1 个取样单位），必要时还应进行复验。

（6）水泥品质的检验，按现行的国家标准进行。

（7）水泥的运输、保管及使用，应遵守下列规定：①优先使用散装水泥；②运到工地的水泥，应按标明品种、强度等级、生产厂家和出厂批号，分别储存到有明显标志的储罐或仓库中，不得混装；③水泥在运输和储存过程中应防水防潮，已受潮的水泥应经过处理并检验合格方可使用。罐储水泥宜一个月倒罐一次；④水泥仓库应有排水、通风措施，保持干燥。堆放袋装水泥时，应设防潮层，距地面、边墙至少 30cm，堆放高度不得超过 15 袋，并留出运输通道；⑤散装水泥运到工地的入罐温度不宜高于 65℃；⑥先出厂的水泥应先用。袋装水泥储运时间超过 3 个月，散装水泥超过 6 个月，使用前应重新检验；⑦应避免水泥的散失浪费，做好环境保护。

二、骨料

（1）使用的骨料应根据优质、经济、就地取材的原则进行选择。可选用天然骨料、人工骨料，或两者互相补充。选用人工骨料时，有条件的地方宜选用石灰岩质的料源。

（2）骨料料源在品质、数量发生变化时，应按现行建筑材料勘察规程进行详细的补充勘察和碱活性成分含量试验。未经专门论证，不得使用碱活性骨料。

（3）应根据粗细骨料需要总量、分期需要量进行技术经济比较，制定合理的开采规划和使用平衡计划，尽量减少弃料。覆盖层剥离应有专门弃渣场地，并采取必要的防护和恢复环境措施，避免产生水土流失。

（4）骨料加工的工艺流程、设备选型应合理可靠，生产能力和料仓储量应保证混凝土施工需要。

（5）根据实际需要和条件，可将骨料分成粗、细两级，分别堆存，在混凝土拌和和运输时按一定比例掺配使用。

（6）成品骨料的堆存和运输应符合下列规定：①堆存场地应有良好的排水设施，必要时应设遮阳防雨棚；②各级骨料仓应设置隔墙等有效措施，严禁混料，并应避免泥土和其他杂物混入骨料中；③应尽量减少转运次数。卸料时，粒径大于 40mm 骨料的自由落差大于 3m 时，应设置缓降设施；④储料仓除有足够的容积外，还应维持不小于 6m 的堆料厚度。细骨料仓的数量和容积应满足细骨料脱水的要求;⑤在粗骨料成品堆场取料时,同一级料在料堆不同部位同时取料。

(7) 细骨料(人工砂、天然砂)的品质要求:①细骨料应质地坚硬、清洁、级配良好;人工砂的细度模数宜在 2.4～2.8 范围内,天然砂的细度模数宜在 2.2～3.0 范围内。使用山砂、粗砂、特细砂应经过试验论证;②细骨料在开采过程中应定期或按一定开采数量进行碱活性检验,有潜在危害时,应采取相应措施,并经专门试验论证;③细骨料的含水率应保持稳定,人工砂饱和面干的含水率不宜超过 6%,必要时应采取加速脱水措施;④细骨料的其他品质要求依据国家现行标准《水工混凝土施工规范》(SL 677—2014),应符合表 3-4 的规定。

表 3-4   细骨料的品质要求

项目		指标		备注
		天然砂	人工砂	
石粉含量		—	6%～18%	
含泥量	≥C_{90}30 和抗冻要求的	≤3%		
	<C_{90}30	≤5%		
泥块含量		不允许	不允许	
坚固性	有抗冻要求的混凝土	≤8%	≤8%	
	无抗冻要求的混凝土	≤10%	≤10%	
表观密度/(kg/m³)		≥2500	≥2500	
硫化物及硫酸盐含量		≤1%	≤1%	折算成 SO_3,按质量计
有机质含量		浅于标准色	不允许	
云母含量		≤2%	≤2%	
轻物质含量		≤1%	—	

(8) 粗骨料(碎石、卵石)的品质要求:①粗骨料的最大粒径不应超过钢筋净间距的 2/3、构件断面最小边长的 1/4、素混凝土板厚的 1/2。对少筋或无筋混凝土结构,应选用较大的粗骨料粒径;②施工中,宜将粗骨料按粒径分成下列几种

粒径组合：当最大粒径为 40mm 时，分成 D20、D40 两级；当最大粒径为 80mm 时，分成 D20、D40、D80 三级；当最大粒径为 150（120）mm 时，分成 D20、D40、D80、D150（D120）四级；③应控制各级骨料的超、逊径含量。以圆孔筛检验，其控制标准：超径小于 5%，逊径小于 10%。当以超、逊径筛检验时，其控制标准：超径为零，逊径小于 2%；④采用连续级配或间断级配，应由试验确定；⑤各级骨料应避免分离。D20、D40、D80、D150（D120）分别用中径筛（10mm、30mm、60mm 或 115mm）、方孔筛检测的筛余量应在 40%～70% 范围内；⑥如使用含有活性骨料、黄锈和钙质结核等粗骨料，必须进行专门试验论证；⑦粗骨料表面应洁净，如有裹粉、裹泥或被污染等应清除；⑧碎石和卵石的压碎指标值依据《水工混凝土施工规范》（SL 677—2014）采用表 3-5 的规定；⑨粗骨料的其他品质要求《水工混凝土施工规范》（SL 677—2014）应符合表 3-6 的规定；⑩取样与检验方法按《水工混凝土试验规程》（SL 352—2006）和有关标准执行。

表 3-5　　　　　　　　　　粗骨料的压碎指标

骨料种类		不同混凝土强度等级的压碎指标值	
		$C_{90}55 \sim C_{90}40$	$\leqslant C_{90}35$
碎石	水成岩	≤10%	≤16%
	变质岩或深成的火成岩	≤12%	≤20%
	火成岩	≤13%	≤30%
卵石		≤12%	≤16%

表 3-6　　　　　　　　　　粗骨料的品质要求

项目		指标	备注
含泥量	D20、D40 粒径级	≤1%	
	D80、D150（D120）	≤0.5%	
泥块含量		不允许	
坚固性	有抗冻要求的混凝土	≤5%	
	无抗冻要求的混凝土	≤12%	

项目	指标	备注
表观密度/(kg/m³)	≥2500	
硫化物及硫酸盐含量	≤0.5%	折算成 SO_3,按质量计
有机质含量	浅于标准色	如深于标准色,应进行混凝土强度对比试验,抗压强度比不应低于0.95
吸水率	≤2.5%	
针片状颗粒含量	≤15%	经试验论证,可放宽至25%

三、掺和料

（1）水工混凝土中应掺入适量的掺和料。其品种有粉煤灰、凝灰岩粉、矿渣微粉、硅粉、粒化电炉磷渣、氧化镁等。掺用的品种和掺量应根据工程的技术要求、掺和料品质和资源条件,通过试验论证确定。

（2）掺和料的品质应符合现行的国家和有关行业标准。

（3）煤灰掺和料宜选用Ⅰ级或Ⅱ级粉煤灰。

（4）掺和料每批产品出厂时应有产品合格证,主要内容包括:厂名、等级、出厂日期、批号、数量及品质检验结果等。

（5）使用单位对进场使用的掺和料应进行验收检验。粉煤灰等掺和料以连续供应200t为一批（不足200t按一批计）,硅粉以连续供应20t（不足20t按一批计）,氧化镁以60t为一批（不足60t按一批计）。掺和料的品质检验按现行国家和有关行业标准进行。

（6）掺和料应储存在专用仓库或储罐内,在运输和储存过程中应注意防潮,不得混入杂物,并应有防尘措施。

四、外加剂

（1）水工混凝土中必须掺加适量的外加剂。

（2）常用的外加剂有:普通减水剂、高效减水剂、缓凝高效减水剂、缓凝减水剂、引气减水剂、缓凝剂、高温缓凝剂、引气剂、泵送剂等。根据特殊需要,也可掺用其他性质的外加剂。外加剂品质必须符合现行的国家和有关行业标准。

（3）外加剂选择应根据混凝土性能要求、施工需要，并结合工程选定的混凝土原材料进行适应性试验，经可靠性论证和技术经济比较后，选择合适的外加剂种类和掺量。一个工程掺用同种类外加剂的品种宜选用1～2种，并由专门生产厂家供应。

（4）有抗冻性要求的混凝土应掺用引气剂。混凝土的含气量应根据混凝土的抗冻等级和骨料最大粒径等，通过试验确定。表3-7的规定供参考。

表3-7　　　　掺引气剂型外加剂混凝土含气量

骨料最大粒径/mm		20	40	80	150(120)
含气量	≥F200 混凝土	5.5%	5.0%	4.5%	4.0%
	≤F150 混凝土	4.5%	4.0%	3.5%	3.0%

注：F150 混凝土掺用与否，根据试验确定。

（5）外加剂应配成水溶液使用。配制溶液时应称量准确，并搅拌均匀。根据工程需要，外加剂可复合使用，但必须通过试验论证。有要求时，应分别配制使用。

（6）外加剂每批产品应有出厂检验报告和合格证。使用单位应进行验收检验。

（7）外加剂的分批以掺量划分。掺量大于或等于1%的外加剂以100t 为一批，掺量小于1%的外加剂以50t 为一批，掺量小于0.01%的外加剂以1～2t 为一批，一批进场的外加剂不足一个批号数量的，应视为一批进行检验。

（8）外加剂的检验按现行的国家和行业标准进行。

（9）外加剂应存放在专用仓库或固定的场所，妥善保管，不同品种外加剂应有标记，分别储存。粉状外加剂在运输和储存过程中应注意防水、防潮。当外加剂储存时间过长，对其品质有怀疑时，必须进行试验认定。

五、水

（1）凡符合国家标准的饮用水，均可用于拌和与养护混凝土。未经处理的工业污水和生活污水不得用于拌和与养护混凝土。

（2）地表水、地下水和其他类型水在首次用于拌和与养护混凝土时，需按现行的有关标准，经检验合格后使用。检验项目和标准应符合以下要求：①混凝土拌和和养护用水与标准饮用水试验所得的水泥初凝时间差及终凝时间差均不得大于 30min；②混凝土拌和养护用水配制水泥砂浆 28d 抗压强度不得低于用标准饮用水拌和的砂浆抗压强度的 90%；③拌和与养护混凝土用水的 pH 值和水中的不溶物、可溶物、氯化物、硫酸盐的含量依据《水工混凝土施工规范》（SL 677—2014）应符合表 3-8 的规定。

表 3-8　　　　拌和与养护混凝土用水的指标要求

项目	钢筋混凝土	素混凝土
pH 值	＞4	＞4
不溶物/(mg/L)	＜2000	＜5000
可溶物/(mg/L)	＜5000	＜10000
氯化物（以 Cl^- 计)/(mg/L)	＜1200	＜3500
硫酸盐（以 SO_4^{2-} 计)/(mg/L)	＜2700	＜2700

第四章

堤 基 施 工

第一节 堤 基 清 理

一、施工程序

堤基清理施工程序如图 4-1 所示。

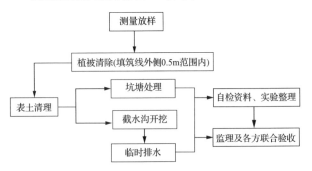

图 4-1 堤基清理施工程序

二、施工方法

（1）测量放样。

（2）清理。

1）植被清理。表层杂物、杂草、树根、表层腐殖土、泥炭土、洞穴、沟、槽等清除工作采用人工配合推土机铲推成堆；表层是耕地或松土，清除表面后先平整再压实。将堤基清除的弃土、杂物、废渣等由挖掘机装车运至指定的弃渣场堆放，或堆至河道开挖面随后随河道开挖一并运至弃土场。部分大树根采用挖掘机深挖取出，所留坑塘在堤防填筑前根据碾压实验方案进行回填碾压填平处理。

2) 表土清挖。堤基清理范围:迎水坡为设计基面边线外30～50cm,背水坡为设计基面边线外 30～50cm。

表土清挖根据堤围地形情况,分阶段分层进行。划分层次以后,挖掘机进行表土浅挖,浅挖标准为现状标高以下20～30cm,推土机集料,挖掘机装车,自卸汽车运土到弃渣场堆放。在清挖过程中修筑截水沟,设置必要的排水设施。为达到压实度要求,在清除表层浮土后采用压路机将清理痕迹碾压至平整。

高低结合处先用推土机沿堤轴线推成台阶状,交接宽度不小于 50cm,地表先进行压实及基础处理,测量出地面标高、断面尺寸。

原地面横坡度不陡于 1:5 时,清除植被;横坡度陡于1:5 时,原地面挖成台阶,台阶宽度不小于1m;每级台阶高度不大于 30cm。

基面清理平整后,报监理验收。基面验收后抓紧施工;若不能立即施工时,做好基面保护,复工前再检验,必要时需重新清理。

三、基面清理工序施工质量

在堤基清理工作完成后,参照《水利水电工程单元工程施工质量验收评定标准》(SL 634—2012)需要按照表 4-1 标准进行检验。

表 4-1   **基面清理工序施工质量标准**

项次	检验项目	质量要求	检验方法	检验数量
主控项目	表层清理	堤基表层的淤泥、腐殖土、泥炭土、草皮、树根、建筑垃圾等应清理干净	观察	全面检查
	堤基内坑、槽、沟、穴等处理	按设计要求清理后回填、压实	土工试验	每处或每 400㎡ 每层取样一个
	结合部处理	清除结合部表面杂物,并将结合部挖成台阶状	观察	全面检查
一般项目	清理范围	基面清理包括堤身、戗台、铺盖、盖重、堤岸防护工程的基面,其边界应在设计边线外 0.3～0.5m。老堤加高培厚的清理尚应包括堤坡及堤顶等	量测	按施工工段轴线长 20～50m 量测一次

第二节 软弱堤基施工

一、垫层法

1. 加固原理

在软弱堤基上铺设垫层可以扩散堤基承受的荷载,减少堤基的应力和变形,提高堤基的承载力,从而使堤基满足稳定性的要求;同时由于垫层的透水性较好,在堤基受压后,垫层可作为良好的排水面,使堤基里的孔隙水压力迅速消散,从而加速堤基的排水固结,提高堤基强度。

2. 适用范围

垫层法适用于深度在 2.5m 内的软弱堤基处理,不宜用于加固湿陷性黄土堤基及膨胀土堤基。

3. 施工材料

垫层法施工时,其透水材料可以使用砂、砂砾石、碎石、土工织物,各透水材料可单独使用亦可两者结合使用。砂、砂砾石、碎石垫层材料要有良好的级配,质地坚硬,其颗粒的不均匀系数应不小于 10。砂砾中石子粒径应小于 50mm;碎石粒径宜在 5～40mm 范围内。各透水材料中均不得含有草根、垃圾等杂物,含泥量应小于 5%;兼作排水垫层时,含泥量不得超过 3%。

4. 施工要点

(1) 铺筑垫层前要清除基底的浮土、淤泥、杂物等。

(2) 垫层底面尽量铺设在同一高程上,当垫层深度不同时,要按先深后浅的顺序施工,交接处挖成踏步或斜坡状搭接,并加强对搭接处的压实。

(3) 垫层要分层铺设,分层夯实或压实,每层铺设厚度要根据压实方法而定,可采用平振法、夯实法、碾压法等。夯实、碾压遍数、振实时间可在现场通过试验确定。

(4) 人工级配的砂石,施工时要先将砂石拌和均匀后,再铺垫夯实或压实。

5. 质量检查

(1)砂砾、碎石垫层采用挖坑灌砂法或灌水法检测其干密度,应满足设计要求。

(2)砂和砂砾石垫层现场简易测定采用钢筋贯入测定法。测定时先将垫层表面刮除 3cm 左右,然后将直径 20mm、长 1250mm 的平头钢筋,举离砂 700mm 自由落下,插入深度不大于根据该砂的控制干密度测定的合格标准,检验点间距 4m。

二、强夯法

1. 适用范围

本工艺标准适用于碎石土、砂土、低饱和度粉土、黏性土、湿陷性黄土、高回填土、杂填土等地基加固工程;也可用于粉土及粉砂液化的地基加固工程;但不得用于不允许对工程周围建筑物和设备有一定振动影响的地基加固工程,必须用时,应采取防震、隔震措施。

2. 施工准备

(1)主要机具设备:

1)夯锤。锤重 10~40t,形状多为圆柱体,外壳用 18~20mm 钢板制作,内焊直径 16~20mm,间距 200~300mm 的三向钢筋网片,并设直径 60mm 吊环,对中焊接在底板上,夯锤中设置 4~6 个 $\phi250~300mm$ 排气孔。内部浇筑 C25 以上混凝土,锤底面积 4~6m^2。亦可用钢锤。

2)起重机械。宜选用 15t 以上带有自动脱钩装置的履带式起重机或其他专用的起重设备。采用履带式起重机时,可在臂杆端部设置辅助门架或采取其他安全措施,防止落锤时机架倾覆。当起重机吨位不够时,亦可采取加钢支架的办法,起重能力应大于夯锤重量的 1.5 倍。

3)自动脱钩器。要求有足够强度,起吊时不产生滑钩;脱钩灵活,能保持夯锤平稳下落,同时挂钩方便、快捷。

4)推土机。用作平场、整平夯坑和做地锚。

5)检测设备。有标准贯入重型触探或轻便触探、静力承载力等设备以及土工常规试验仪器。

(2)作业条件:

1)应有工程地质勘探报告、强夯场地平面图及设计对强夯的夯击能、压实度、加固深度、承载力要求等技术资料。

2）强夯范围内的所有地上、地下障碍物及各种地下管线已经拆除或拆迁，对不能拆除的已采取防护措施。

3）场地已整平并修筑了机械设备进出道路，表面松散土层已经碾压。雨期施工周边已挖好排水沟，防止场地表面积水。

4）已选定试夯区做强夯试验，通过原位试夯和测试，确定强夯施工的各项技术参数，制定强夯施工方案。

5）当作业区地下水位较高或表层为饱和黏性土层不利于强夯时，应先在表面铺 0.5～2.0m 厚的砂砾石或块石垫层，以防设备下陷和便于消散孔隙水压，或采取降低地下水位措施后强夯。

6）当强夯所产生的震动对周围邻近建（构）筑物有影响时，应在靠建（构）筑物一侧挖减振沟或采取适当加固防振措施，并设观测点。

7）测量放线，按设计图座标定出强夯场地边线，钉木桩撒白灰标出夯点位置，并在不受强夯影响的场地外缘设置若干个水准基点。

3. 施工操作工艺

（1）强夯施工程序如图 4-2 所示。

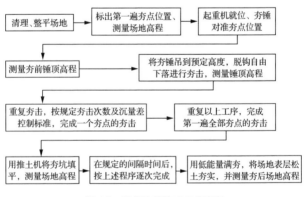

图 4-2　强夯地基施工工艺流程

（2）强夯前应通过试夯确定施工技术参数,试夯区平面尺寸不宜小于20m×20m。在试夯区夯击前,应选点进行原位测试,并取原状土样,测定有关土性数据,留待试夯后,仍在此处进行测试并取土样进行对比分析,如符合设计要求,即可按试夯时的有关技术参数确定正式强夯的技术参数。否则,应对有关技术参数适当调整或补夯确定。强夯施工技术参数选择见表4-2,夯点布置见图4-3。

表 4-2   **强夯施工技术参数的选择**

项次	项目	施工技术参数
1	锤重和落距	锤重C与落距h是影响夯击能和加固深度的重要因素,锤重一般不宜小于8t,常用的为10t、15t、20t。落距一般不小于10m,多采用10m、13m、15m、18m、20m、25m几种
2	夯击能	锤重C与落距h的乘积称为夯击能E,一般取600～3000kN,一般对砂质土取1000～1500kN/m²,对黏性土取1500～3000kN/m²。夯击能过小,加固效果差;夯击能过大,对于饱和黏土会破坏土体,形成橡皮土(需另行采取措施处理),降低强度
3	夯击点布置及间距	夯击点布置对大面积地基,一般采用梅花形或方形网格排列(图4-3);对条形基础,夯点可成行布置;对工业厂房独立柱基础,可按柱网设置单点夯击,夯点间距取夯锤直径的3倍,一般为5～9m,一般第一遍夯点的间距宜大,以便夯击能向深部传递
4	夯击遍数与击数	一般为2～3遍,前两遍为"点夯",最后一遍以低能量(为前几遍能量的1/3～1/2或按设计要求)进行"满夯"(即锤印彼此搭接),以加固前几遍夯点间隙之间的黏土和被振松的表土层。每夯击点的夯击数以使土体竖向压缩量最大而侧向移动最小,最后两击沉量之差小于规范要求或试夯确定的数值为准,一般软土控制瞬时沉降量为5cm,废渣填石地基控制的最后两击下沉量之差≤5cm。每夯击点之夯击数一般为6～9击,点夯击数宜多些,多遍点夯击数逐渐减小,满夯只夯1～2击
5	两遍之间的间隔时间	通常待土层内超孔隙水压力大部分消散,地基稳定后再夯下一遍,一般时间间隔1～2周。对黏土或冲积土常为3周,若无地下水或地下水位在5m以下,含水量较少的碎石类填土或透水性强的砂性土,可采取间隔1～2周,或采用连续夯击而不需要间歇

项次	项目	施工技术参数
6	强夯加固范围	对于重要工程应比设计地基长(L)、宽(B)各大出一定加固宽度,有设计要求的则按设计,对于一般建筑物,则加宽 3~5m
7	加固影响深度	加固影响深度 $H(m)$ 与强夯工艺有密切关系,一般按修正的梅那氏(法)公式估算: $$H = K\sqrt{hC}$$ 式中,C—夯锤重力,kN;h—落距(锤底至起夯面距离),m;K—折减系数,一般黏性土取 0.5,砂性土取 0.7

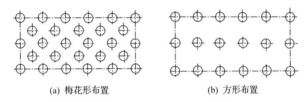

(a) 梅花形布置   (b) 方形布置

图 4-3 夯点布置

（3）强夯应分段进行,顺序从边缘夯向中央。对厂房柱基亦可一排一排夯,起重机直线行驶,从一边向另一边进行,每夯完一遍,用推土机平整场地,放线定位,即可接着进行下一遍夯击。强夯法的加固顺序是:先深后浅,即先加固深层土,再加固中层土,最后加固表层土。二遍点夯完成后,再以低能量满夯一遍,有条件的以采用小夯锤夯击为佳,夯击顺序见图 4-4。

16	13	10	7	4	1
17	14	11	8	5	2
18	15	12	9	6	3
18′	18′	12′	9′	6′	3′
17′	14′	11′	8′	5′	2′
16′	13′	10′	7′	4′	1′

图 4-4 强夯顺序图

（4）夯击时应按试夯和设计确定的强夯参数进行，落锤应保持平稳，夯点位应准确，夯击坑内积水应及时排除。若错位或坑底倾斜过大，宜用砂土将坑底垫平；坑底含水量过大时，可铺砂石后再进行夯击。在每一遍夯击之后，要用新土或用周围的土将夯击坑填平，再进行下一遍夯击。强夯后，基坑应及时平整，场地四周挖排水沟，防止坑内积水，最好浇筑混凝土垫层封闭。

（5）夯击过程中，每点夯击均要用水平仪进行测量，保证最后两击沉量差满足规范要求。夯击一遍完成后，应测量场地平均下沉量，并做好现场施工记录。

（6）雨季施工时，应及时排除夯坑内或夯击过的场地内积水，并晾晒 3～4d。夯坑回填土时，宜用推土机稍加压实，并稍高于附近地面，防止坑内填土吸水过多，夯击出现橡皮土现象。若出现橡皮土可采用置换土体或加片石。

（7）冬期施工，如地面有积雪，必须清除。如有冻土层，应先将冻土层击碎，并适当增加夯击数。

（8）强夯结束，待孔隙水压力消散后，间隔 1～2 周时间后进行检测，检测点数一般不少于 3 处。

4. 质量标准

验收批划分原则：竣工后的结果（地基压实度或承载力）必须达到设计要求的标准。压实度检验数量：每单位工程不应少于 6 点，1000m² 以上工程至少应有 6 点，以后每增加 1000m² 则增加 1 点。承载力一般一个工程只做 1～2 组，或按设计要求。每一独立基础下至少应有 1 点压实度或触探，基槽每 20 延米应有 1 点。

（1）施工前应检查夯锤重量、尺寸，落距控制手段，排水设施及被夯地基的土质。

（2）施工中应派专人检查落距、夯点位置、夯击击数、每击的夯沉量、夯击范围。

（3）施工结束后，检查被夯地基的压实度并进行承载力检验。

（4）强夯地基质量检验标准应符合《地基与基础验收规

表 4-3 强夯地基质量检验标准

项目	序号	检查项目	允许偏差或允许值	检查方法
主控项目	1	地基压实度	设计要求	按规定方法
	2	地基承载力	设计要求	按规定方法
一般项目	1	夯锤落距/mm	±300	钢索设标志
	2	锤重/kg	±100	称重
	3	夯击击数及顺序	设计要求	计数法
	4	夯击间距/mm	±500	用钢尺量
	5	夯击范围 （超出基础范围距离）	设计或规范要求	用钢尺量
	6	前后两遍间歇时间	设计或规范要求	

三、插塑板排水固结法

1. 加固原理

在软弱土层中插入塑料排水板，使土层中形成垂直水流通道，加速软弱堤基在外压荷载作用下的排水固结。

2. 适用范围

适用于透水性低的软弱黏性土，对于泥炭土等有机沉积物不适用。

3. 施工材料

目前，国内外塑料排水板多采用聚丙烯、聚乙烯、聚氯乙烯等高分子材料制成，排水板结构主要有槽形槽塑料板、梯形槽塑料板、三角形槽塑料板、硬透水膜塑料板、无纺布螺旋孔排水板、无纺布柔性排水板等。在施工选用塑料板时，要选用滤膜透水性好、排水沟槽输水畅通、强度高、耐久性好、质量轻、耐酸、耐碱、耐腐蚀的塑料板，其各项技术指标均要满足设计和规范要求。

4. 施工机械

塑料排水板的施工机械主要有履带式插板机和液压轨道行走式板桩机，其打设装置分锤击和振动两种方式，施工时可根据具体情况进行选择。

5. 施工要点

(1) 测量放样。用测量仪器测出堤轴线的中心位置,堤身内外坡脚用控制桩进行标识,施工时使用的轴线控制桩及水平控制桩都要划出施工机械的活动范围,做好标识并进行保护。

(2) 堤基表层清理。施工前必须挖除堤基表层的树木、树桩、树根、杂草、垃圾、废渣及其他杂土。

(3) 中粗砂垫层铺填。选用质地坚硬、含泥量不大于5‰的中粗砂进行垫层铺填,铺填厚度一般为 20~60cm,摊铺厚度要均匀并适量洒水(砂料含水率在 8‰~12‰ 之间为宜),然后可用小型压路机进行压实。

(4) 板位放样。按照设计图纸用测量仪器对板位进行放样,可采用按段方格网平差的方式定出板位并做好标记,板位误差控制在 3cm 以内,填写放样记录。

(5) 塑料排水板打设。先进行插板机的调试和定位,检查插板机的水平度是否合格,然后将塑料排水板通过井架上的滑轮插入套管内,用滚轴夹住塑料排水板随前端套着板靴一起压入土中,导杆达到预定深度后,输送滚轴反转松开排水板上套管,塑料排水板便留在土中;打入地基的排水板必须为整板,长度不足的严禁接长使用;打设后,地面的外露长度不得小于 30cm;检查并记录每根板桩的施工情况,符合验收标准时再移机打设下一根排水板,否则必须在临近板位处进行补打。

6. 施工观测

在塑料排水板施工时要设置沉降标,定期观测施工期间的沉降量,监测基土动态,一旦发现异常现象,要及时采取对策。

四、砂井排水固结法

1. 适用范围

适用于透水低的软弱黏性土,对于泥炭土等有机沉积物不适用。

2. 施工材料和设备

施工所需砂料选用中、粗砂,粒径以 0.3～3.0mm 为宜,且含泥量不得超过 5%。不同的砂井成孔方法所需的施工设备亦有所不同,砂井成孔方法主要有套管法、水冲法、钻孔法。套管法所使用的设备有锤击沉管机和振动沉管机;水冲法施工所需设备较为简单,主要是通过高压水管和专用喷头射出高压水冲击成孔;钻孔法是采用钻机钻孔,提钻后在孔内灌砂成形。

3. 施工要点

(1) 垫层铺设。砂垫层的作用是将砂井连成一片,形成排水通道,同时作为应力扩散层,便于施工设备行走。施工时要选用质地坚硬、含泥量不大于 5% 的中粗砂。砂垫层厚度 0.3～0.5m,推土机或人工摊铺,适量洒水(砂料含水率控制在 8%～12% 之间),用压路机或平板振动器压实。

(2) 测量放样。对施工区域进行测量放样,按设计图纸定出每个砂井的位置并做好标记,填写放样记录。

(3) 砂井成孔。砂井施工一般先在地基中成孔,再在孔内灌砂形成砂井。表 4-4 为砂井成孔和灌砂方法。选用时应尽量选用对周围土扰动小且施工效率高的方法。

表 4-4　　　　　　　砂井成孔和灌砂方法

类型	成孔方法		灌砂方法	
使用套管	管端封闭	冲击打入	用压缩空气	静力提拔套管
		振动打入	用饱和砂	振动提拔套管
		静力打入		静力提拔套管
	管端敞开		浸水自然下沉	静力提拔套管
不使用套管	旋转射水、冲击射水		用饱和砂	

砂井成孔的典型方法有套管法、射水法、螺旋钻成孔法和爆破法。

1) 套管法。该法是将套管沉到预定深度,在管内灌砂,然后拔出套管形成砂井。根据沉管工艺的不同,又分为静压沉管法、锤击沉管法、锤击静压联合沉管法和振动沉管法等。

静压、锤击及其联合沉管法提管时宜将管内砂柱带起来,造成砂井缩颈或断开,影响排水效果,辅以气压法虽有一定效果,但工艺复杂。

采用振动沉管法,是以振动锤为动力,将套管沉到预定深度,灌砂后振动、提管形成砂井。该法能保证砂井连续,但其振动作用对土的扰动较大。此外,沉管法的缺点是由于击土效应产生一定的涂抹作用,影响孔隙水排出。

2)水冲成孔法。该法是通过专用喷头,依靠高压下的水射流成孔,成孔后经清孔、灌砂形成砂井。

射水成孔工艺,对土质较好且均匀的黏性土地基是较适用的,但对土质很软的淤泥,因成孔和灌砂过程中容易缩孔,很难保证砂井的直径和连续性,对夹有粉砂薄层的软土地基,若压力控制不严,宜在冲水成孔时出现串孔,对地基扰动较大。

射水成孔的设备比较简单,对土的扰动较小,但在泥浆排放、塌孔、缩颈、串孔、灌砂等方面都存在一定的问题。

3)螺旋钻成孔法。该法以螺旋钻具干钻成孔,然后在孔内灌砂形成砂井。此法适用于陆上工程,砂井长度在 10m 以内,土质较好,不会出现缩颈和塌孔现象的软弱地基。该法所用设备简单而机动,成孔比较规整,但灌砂质量较难掌握,对很软弱的地基也不适用。

4)爆破成孔法。此法是先用直径 73mm 的螺纹钻钻成一个砂井所要求设计深度的孔,在孔中放置由传爆线和炸药组成的条药包,爆破后将孔扩大,然后往孔内灌砂形成砂井。这种方法施工简易,不需要复杂的机具,适用于深为 6~7m 的浅砂井。

制作砂井的砂宜用中砂,砂的粒径必须能保证砂井具有良好的渗水性。砂井粒度要不被黏土颗粒堵塞。砂应是洁净的,不应有草根等杂物,其含泥量不应超过 3%。

对所用的砂需做粒径分析。粒径级配曲线与反滤层所要求的砂料应基本相同。为了最大限度地发挥砂井的排水过滤作用,实际灌砂量按质量控制要求,不得小于计算值的 95%。

为了避免砂井断颈或缩颈现象,可用灌砂的密实度来控制灌砂量。灌砂时可适当灌水,以利密实。

砂井位置的允许偏差为该井的直径,垂直度的允许偏差为 1.5%。

(4)压载施工。砂井施工完成后,为加快堤基的排水固结,要在堤基上分级进行压载,加载时要注意加强现场监测,防止出现滑动破坏等失稳事故。

五、振冲法

1. 适用范围

振冲法主要适用于砂性土地基,从粉细砂到含砾粗砂,粒径小于 0.005mm,黏粒含量小于 10% 的地基,都可得到显著的加固效果;对黏粒含量大于 30% 的地基,则加固效果明显降低。在堤防除险加固工程中,尤其适用于砂性土地基的滑坡除险加固处理。也可用于新建或已建堤防、涵闸地基处理,提高地基承载力与抗滑稳定及抗震防液化能力。

2. 施工

(1)施工工序。振冲法处理地基施工设备简单,比预制桩、灌注桩施工费用低,而且还节约三材。振冲法施工可分为设计有要求的和需要经现场试验确定施工参数两种情况。前者可按设计要求选用机具进行施工;后者则应按施工程序图组织实施(见图 4-5)。

(2)施工现场的准备工作:

1)水通。要保证现场机组用水,把施工中产生的泥水开沟引走,将泥浆引入沉淀池,再把沉下的浓泥浆挖运到预先安排的地点。

2)电通。电源容量必须满足所有机组的用量,三相电源 380±20V,单相电源主要考虑夜间施工用电。

3)料通。堆料场至各机组距离应最短,防止运料线路与施工作业线路互相干扰。应做到堆料符合设计要求,备足施工周转储料。

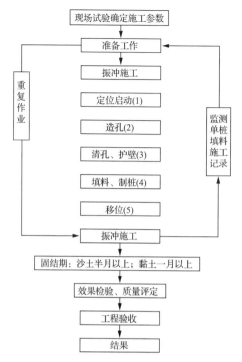

图 4-5　现场试验确定施工参数振冲法施工程序

4）场平。场地应平整，并满足施工机械的要求，清除地下障碍物，防止阻碍振冲器的工作。

5）施工现场布置。对场地中的供水管路、电路、运输道路、排泥浆水沟、料场、沉淀池、清水池、照明设施等应事先妥善布置，特别是多机组同时作业，更应注意统筹安排，以免相互影响，降低效率。施工现场平面布置见图 4-6。

（3）施工设备。振冲法施工机具主要是振冲器，它具有振动挤实所需最佳振动频率和射水成孔，冲水护壁使土体和填料处于饱和状态的供水功能等。它是利用一个偏心体的旋转产生一定频率和振幅的水平振动力进行振冲挤密的，其型号及技术参数见表 4-5，其构造见图 4-7。

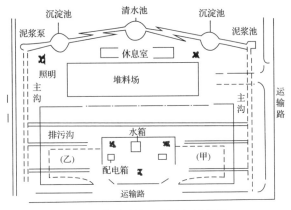

图 4-6　振冲法施工现场平面布置图

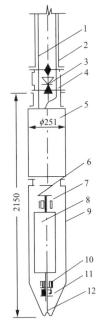

图 4-7　振冲器构造示意图

1—电缆;2—导管;3—方向接头;4—水管;5—潜水电机;6—弹性联轴节;

7—空心轴;8—偏心块;9—壳体;10—向心轴承;11—推力轴承;12—射水管

表 4-5　　　　　振冲器主要技术参数

型号	ZCQ-13	ZCQ-30	ZCQ-55	BL-75
电机功率/kW	13	30	55	75
转速/(r/min)	1450	1450	1450	1450
额定电流/A	25.5	60	100	150
不平衡重量/N	290	660	1040	
振动力/kN	35	90	200	160
振幅/mm	4.2	4.2	5.0	7.0
机体外径/mm	274	350	450	420
长度/mm	2000	2150	2500	3000
总重量/kN	7.8	9.4	16.0	20.5

为振冲器配套施工的其他机械有：

1）吊机。要求有效起重高度大于加固深度 2～3m，起吊能力需大于 100～200kN。

2）水泵。规格流量 20～30㎡/hr，出水口压力 400～600kPa。

3）运料设备。可采用装载机或皮带机、人力小车。

4）泥浆泵。泥浆泵为 70WL，流量应与清水泵匹配；水管、配电箱等。

（4）制桩顺序。振冲器造孔的顺序与下列因素有关：①如果使复合地基边缘效果好一些，可先打围护桩，然后再依次打工程桩；②如果考虑施工时对邻近建筑物的影响，可先打靠近建筑物的一排，再依次向中心造孔；③如果在抗剪强度低的软弱黏土中施工，可考虑跳打法；④如果考虑要挤走一部分软土，可用一边推向另一边的打法。

无论施工顺序如何，都应考虑尽量减少机械移动和挖排泥浆沟，特别要注意每制一根桩的全过程中，严禁关停振冲器和关闭高压水。

（5）振冲器造孔制桩步骤，见图 4-8。

1）定位起动。将振冲器对准桩位，先开水，后开电，检查水压、电压及振冲器的空载电流是否正常。

2）造孔。使振冲器以 1～2m/min 的速度在土层中徐徐

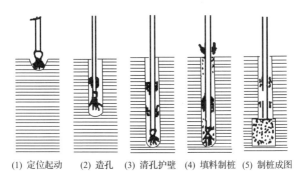

(1) 定位起动　(2) 造孔　(3) 清孔护壁　(4) 填料制桩　(5) 制桩成图

图 4-8　振冲器造孔制桩步骤

下沉,当负荷接近或超过电机的额定电流值时,必须减速下沉,或向上提升一定距离,使振冲器悬留 5～10s 扩孔等高压水冲松土层,孔内泥浆溢出时再继续下沉。如造孔困难,可加大水压到 1300kPa 左右。开孔后应做好造孔深度、时间、电流值等方面记录。电流值的变化反映了上层的强度变化。振冲器距桩底标高 30～50cm 时,应减小水压到 400kPa,并上提振冲器。

3)清孔护壁。当振冲器距桩底标高 30～50cm 时应留振 10s,水压在 300～500kPa,然后以 5～6m/min 速度均匀上提振冲器至孔口,然后反插到原始振冲器位置,这样反复 2～3 次,使泥浆变稀准备填料。

4)填料制桩。加填料制桩分两种:一种是振冲器不提出孔口面,在孔口加料的方式,叫连续加料法;另一种是把振冲器提出孔口下料,叫间断下料法。间断下料法施工速度较快,但若控制不好易产生漏振,即使是采用大功率振动器每次加料高度也不能超过 6m。连续下料制的桩体密实均匀。

填料制桩工艺:振冲器上提→加料→反插→留振→上提至孔口。

如果第一次填料反插到原位,而密实电流和留振时间达不到规定值,则上提振冲器 1m 加料 1m,再反插振冲器。如果再达不到规定的密实电流和留振时间,则重复上述操作步骤,直至达到规定的密实电流和留振时间。自上而下每个深度都要达到规定的密实电流和留振时间。

要注意的是:①每倒一次填料进行振密时都要做好记录,记录下振密深度、填料数、留振时间和电流量。②实际施工中提振冲器次数不宜过多,否则填料时再下振冲器困难,且易出现断桩漏振。③如果不是试验规定的振冲器参数,选择参数尤为重要。振冲器选定后,电机额定电流也就确定了,振冲器振动力大,电机后备功率则小,易造成实际电流过大超过额定电流,而损坏电机。振动力过小则遇到硬层不易穿透,而且影响加固范围,达不到加固目的。因此,振冲器振动力的参数一定要调合适。

5)制桩成型,移位。先关闭振冲器电源,后关振冲器高压水,移位准备下一桩的施工。

3. 质量标准与控制

除按《建筑地基基础工程施工质量验收规范》(GB 50202—2013)执行外,以每半桩体充分振密为原则。严格控制好使振冲器工作电流接近电机额定电流;每半桩体填料量应达到设计要求。主要是水、电、料的控制。

振冲施工的孔位允许偏差:①出口中心与桩位偏差不得大于 50mm;②成孔中心与设计定位中心偏差不得大于100mm;③制桩中心与定位偏差不得大于 0.2d(桩径)。

第三节　透水堤基施工

堤防的基础常为透水地基,而对这种透水地基多未进行过专门的技术处理,在汛期常发生管涌、渗漏等,这也是造成堤防渗流失稳的一个重要原因。透水堤基处理的目的,主要是减少堤基渗透性,保持渗透稳定,防止堤基产生管涌或流土破坏,以确保堤防工程安全。

一、截水槽

1. 适用范围

截水槽适用于浅层透水堤基的截渗处理。

2. 施工要点

（1）基坑排水。截水槽的排水水源包括地面径流、施工废水和地下水。前二者可用布置在截水槽两侧的表面排水沟排除。地下水的降低和排除，一般采用明沟排水法和井点降水法。

（2）截水槽开挖。可用挖土机挖土、自卸汽车出渣的机械化施工，也可用人工施工，人工开挖截水槽的断面一般为阶梯形。

（3）截水槽基岩的处理。对于强风化岩层，可直接采取机械挖掘、快速输土、迅速夯实封堵；对裂隙发育、单位吸水率大的基岩采用钻孔灌浆处理；截水槽两侧砂砾料与回填土料接触面设置反滤层。

（4）土料回填。基岩渗水等处理并验收合格后，即可进行土料回填，回填从低洼处开始，截水槽填筑面保持平起施工，同时结合排水，使填筑工作面高于地下水位 1～1.5m。

二、防渗铺盖

相对不透水层埋藏较深，透水层较厚且临水侧有稳定滩地的堤防，宜采用防渗铺盖防渗。

防渗铺盖布设于堤前一定范围内，对于增加渗径、减少渗漏效果较好。根据铺盖使用的材料，可分为黏土铺盖、混凝土铺盖、土工膜铺盖等，并在表面设置保护层及排气排水系统。

三、截渗墙

截渗墙可采用槽型孔、高压喷射等方法施工，有如下方法步骤：开槽形孔灌注混凝土、水泥黏土浆等；开槽孔插埋土工膜；高压喷射水泥浆等形成截渗墙。施工要点详见本书第五章第六节防渗工程施工。

第四节 多层堤基施工

双层或多层堤基的处理措施除上述方法外，还有减压沟、减压井和盖重等。

（1）多层堤基如无渗流稳定安全问题，施工时仅需将经清基的表层土夯实后即可填筑堤身。

（2）表层弱透水层较厚的堤基，可采用堤背侧加盖重进行处理，先用符合反滤要求的砂、砾等在堤背侧平铺盖住，表层再用块石压盖。

（3）对于多层结构地基，其上层土层为弱透水地基，下层为强透水层，当发生大面积管涌流土或渗水时，可以采用减压井（沟）作为排水设备。

1）减压井布置：平行于堤脚，垂直于渗流方向。

2）减压井组成：井管（包括滤层）、排水沟、测压管及井盖等。

3）技术指标：井管直径 $0.1 \sim 0.3m$，井距 $15 \sim 50m$，进水滤管进入透水层 $50\% \sim 100\%$，井管材料可以是混凝土、砾石混凝土、多孔石棉水泥、钢管及塑料管等，排水减压井的构造与一般管井相同。

4）减压井的施工。一般在枯水季节施工，排水减压井钻井时一般用清水钻进，钻完井后再用清水洗井；当地质条件不好，清水固壁钻井困难时，也可采用泥浆固壁钻进，但成井后必须严格洗井，用清水将井壁冲洗干净，按设计要求安装井管。

第五节　岩石堤基施工

一、处理原则

（1）堤基为岩石，如表面无强风化岩层，除表面清理外，一般可不进行专门处理。

（2）强风化或裂隙发育的岩石，可能使裂隙充填物或堤体受到渗透破坏的，应进行处理。

（3）因岩溶等原因，堤基存在空洞或涌水，将危及堤防安全，必须进行处理。

二、强风化或裂隙发育岩基的处理

（1）强风化岩层堤基，先按设计要求清除松动的岩石，并在筑砌石堤或混凝土堤时基面铺设水泥砂浆,层厚大于30mm,筑土堤时基面需涂刷厚 3mm 的浓黏土浆。

（2）当岩石为强风化,并可能使岩石堤基或堤身受到渗透破坏时,在防渗体下采用砂浆或混凝土垫层封堵,使岩石与堤身隔离,并在防渗体下游设置反滤层,防止细颗粒被带走;非防渗体部分用滤料覆盖即可。

（3）裂隙比较密集的基岩,采用水泥固结灌浆或帷幕灌浆,按有关规范进行处理。

三、岩溶处理

1. 处理目的

岩溶处理的目的是控制渗漏,保证度汛时的渗流稳定,减少渗漏量和提高堤基的承载能力,确保堤防的安全。

2. 处理措施

岩溶的处理措施可归纳为:①堵塞漏水的洞穴和泉眼;②在漏水地段做黏土、混凝土、土工膜或其他型式的铺盖;③用截渗墙结合灌浆帷幕处理,截断漏水通道;④将间歇泉、落水洞等围住,使之与江（河、海）水隔开;⑤将堤下的泉眼、漏水点等导出堤外;⑥进行固结灌浆或帷幕灌浆。

以上这些处理措施,从施工角度看,即开挖、回填和灌浆三种办法的配合应用。

对于处在基岩表层或埋藏较浅的深槽、溶洞等,可以从地表进行开挖,清除因溶蚀作用而风化破碎的岩石和洞穴中的充填物,冲洗干净后,用混凝土进行填塞。对于石灰岩中的溶蚀现象,沿陡倾角裂隙或层面延伸很深,不易直接开挖者,可根据实际情况采用灌浆处理或洞挖回填,或两者结合,洞挖回填后再做灌浆处理。

第五章

堤身填筑与砌筑

第一节 土料碾压筑堤

一、施工准备

（1）填土表面清基。土方填筑前，先将地表基础面杂物、杂草、树根、表层腐殖土、泥炭土、洞穴等全部清除干净，清理范围超过设计基面边线外 50cm，高低结合处每填一层前先用推土机沿堤轴线推成台阶状，交接宽度不小于 50cm，地表先进行压实及基础处理，测量出地面标高、断面尺寸，经验收合格后，方可进行回填。

（2）土料。回填土料首先利用开挖利用土料，不够部分才用料场土料。

（3）土方填筑机械配置。土方开挖机械选用反铲挖掘机，土方运输主要选用自卸车，土方压实采用振动压路机，人工配合电动冲击式打夯机夯实。

二、施工工艺流程及方法

1. 土方填筑碾压施工工艺流程

土方填筑每一工作面填筑分段施工，每段作业面长度根据现场施工强度和技术要求确定。然后依据碾压试验确定的压实参数进行土方填筑施工。土方填筑施工工艺流程如图 5-1 所示。

填筑方向由下游向上游进行，每一工作面填土原则上由低往高逐层填筑施工，每一作业面按照横向施工程序施工，如图 5-2 所示。

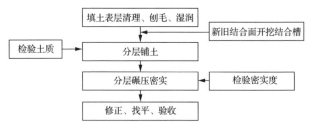

图 5-1　土方填筑碾压施工工艺流程

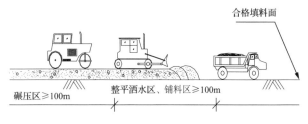

图 5-2　土方填筑施工图

2. 土方填筑碾压施工方法

土方回填铺料方法采用自卸车运输、推土机平土,即汽车在已压实的刨毛土层上卸料,用推土机向前进占平料。填土由低往高分层填筑施工,每一层填土铺料厚度小于 30～40cm,实际厚度由压实试验确定;填土宽度比设计边线超宽不少于 50cm 的余量,到最后两层时,超宽宽度应再加大,以方便运输车辆会车。

雨后填筑新料时应清除表面浮土,同时减薄铺料厚度;推土机平料过程中,应及时检查铺层厚度,发现超厚部位要立即进行处理,要求平土厚度均匀,表层平整,为机械压实创造条件。推土机平整完一段填土,即可进入下一段平土,对平整好的这一层土料,采用 10～15t 重型振动压路机进行分段碾压,行车速度为 2km/h,压实遍数初步定为 4～6 遍,准确数由现场试验确定。分段碾压时,碾压采取错距方式,相邻两段交接带碾迹应彼此搭接,顺碾压方向,搭接宽度不小于 0.3m,垂直碾压方向搭接长度应不小于 3m。

黏性土的铺料与碾压工序必须连续进行,如需短时间停工,其表面风干土层应经常洒水湿润,保持含水量在设计控制范围内。碾压完成后即进行刨毛(深1~2cm)处理并洒水至表面湿润,此道工序完成,质检合格后方可进行下一层土料的填筑。

三、铺料及压实作业的施工要点

1. 土料铺填

(1)铺料前必须清除结合部位的各种杂物、杂草、洞穴、浮土等,清除表土厚度以能清干净杂物、杂草、表层浮土为准。将土料铺至规定部位,严禁将砂(砾)料或其他透水料与黏性土料混杂,填筑土料中的杂质应予清除。

(2)地面起伏不平时,按水平分层由低处开始逐层填筑,不得顺坡铺填。分层作业面统一铺盖,统一碾压,严禁出现界沟。

(3)机械作业分段的最小长度不小于100m;人工作业不小于50m。当坝基横断面坡度陡于1:5时,坡度削缓于1:5。

(4)相邻施工段的作业面均衡上升,若段与段之间不可避免出现高差时,以斜坡面相接。

(5)已铺土料表面在压实前被晒干时,洒水湿润。

(6)铺料时控制铺土厚度和土块粒径的最大尺寸,两者和施工控制尺寸,一般通过压实试验确定。

(7)铺料至堤边时,在设计边线外侧各超填一定余量,人工铺料宜为10~20cm,机械铺料宜为30~50cm。

2. 碾压作业

(1)施工前先做碾压试验,验证碾压质量能否达到设计干密度值,并根据碾压试验确定出碾压参数的各项指标。

(2)分段填筑,各段设立标志,以防漏压、欠压和过压。上下层的分段接缝位置错开。

(3)碾压机械行走方向平行于堤轴线。分段、分片碾压,相邻作业面的搭接碾压宽度,平行坝轴线方向不小于0.5m,垂直坝轴线方向不小于3m。

(4)机械碾压时控制行车速度,以2~3km/h为宜,不得超过 4km/h。

（5）若发现局部"弹簧土"、层间光面、层间中空、干松土层或剪切破坏等质量问题时应及时进行处理，并经检验合格后方准碾压新土。

（6）机械碾压不到的部位，辅以夯具夯实，夯实时采用连环套打法夯实，夯迹双向套压，夯压夯 1/3，行压行 1/3；分段、分片夯压时，夯迹搭压宽度应不小于 1/3 夯径。

3. 结合面处理

结合面处理时，彻底清除各种工程物料和疏松土层。施工过程中发现的各种洞穴、废涵管、软土、砂砾(均质堤)及冒水冒砂等隐患，会同发包人、设计单位、监理机构研究处理。相邻作业面均匀上升，以减少施工接缝；分段间有高差的连接，垂直堤轴线方向的接缝以斜面相接，坡度采用 1：3～1：5。

纵向接缝采用平台和斜坡相间形式，结合面的新老土料，均严格控制土块尺寸、铺土厚度及含水量，并加强压实控制，确保接合质量。

斜坡结合面上，随填筑面上升进行削坡直至合格层；坡面经刨毛处理，并使含水量控制在规定内，然后再铺填新土进行压实。压实时跨缝搭接碾压，搭压宽度不小于 3m。

四、接缝、堤身与建筑物接合处填筑要点

（1）堤身分段施工及堤身与其他土坡相接或新老堤身相接时，垂直堤身轴线方向的接缝应以斜坡相接，接合坡度可根据高差不同，采用 1：3～1：5，高差大时宜用缓坡。

（2）堤身接缝的坡面，在填土时符合下列要求：

1）配合填筑面上升进行削坡，直到合格层为止；

2）接合坡削坡合格后，根据填筑层情况，控制好接合面土的含水量，边刨毛边铺土压实；

3）垂直堤轴线方向的堤身接合坡面，随着填筑面上升，跨接合缝碾压时，超过接合缝搭压 1.5～2.0m；

4）堤身与刚性建筑物(涵闸、堤内埋管、混凝土防渗墙等)相接合时，要符合下列要求：①在填土前，用钢丝刷等工具清除建筑表面的乳皮、粉尘、油污等物;②在开始填筑时,先将建筑物表面洒水湿润,并边涂刷浓泥浆、边铺土、边夯实,泥浆涂刷高度必须与铺土厚度一致,与下部涂层衔接,严禁泥浆干固后再铺土和夯实;泥浆的浓度可为 1:2.5~1:3.9(土、水重量比),涂层厚度宜为 3~5mm;③填筑用的压实工具,根据具体情况选用不同类型的夯具,做到贴边夯实;④刚性墙两侧的填土,保持平衡上升。

第二节 土料吹填筑堤

广义吹填法是指将疏浚泥土送往陆地或水下边滩进行填筑的一门应用科学技术。

狭义吹填法是指将江河湖海中的泥土,借助挖泥船挖出并送往岸线进行填筑堤堰、平台等的一种施工方法。

一、施工材料与设备

1. 疏浚吹填土料

由于受到挖泥设备功能和动力的限制,我国目前采用疏浚吹填的土料尚局限在淤泥至风化软岩范围,并且绝大多数又界定在砂土或砂壤土。因为这些土可自然挖泥成浆吹填,无须特别处理就可构筑堤身或压渗平台。

作为疏浚吹填的土料,原则上分为三大类:①可塑的黏性土。即从颗粒分析来区分,粒径小于或等于 $16\mu m$ 的黏土、淤泥、泥煤、褐煤等;②非黏性土。即粒径在 $16~64\mu m$ 的砂、砾石土等;③紧密性的硬质土。即粒径大于 $64\mu m$ 的疏密硬黏土、软岩(石灰岩、花岗岩、礁石)等。

2. 主体施工设备

挖泥船。进行水下土石方开挖的船舶。

3. 辅助设备

(1)吹泥船,依靠其泥泵的吸、排作用,将泥驳运来的泥沙经冲水稀释后成为输移的泥浆,通过吸泥头、泥泵和排泥管,吹送到预计填筑的堤防堤段或压渗平台位置。

(2)泥驳,主要作用是装载由非自航挖泥船挖出的泥沙或其疏浚物。

（3）锚艇，主要用于挖泥吹填中为非自航挖泥船的定位与移动时搬动其锚的自航式工作艇。

（4）拖轮，主要用作输泥/排泥管定位时的牵引与运载，要求在作业水域航行灵活并具有一定承载力。

（5）输泥/排泥管，主要在泵式挖泥船施工时输送泥浆用。

（6）接力泵，一台泥浆泵的扬程往往不能将泥浆送到指定位置，故需要在原有的一台泥浆泵之后串联一台或多台的泥浆泵作为接力泵。

二、施工工艺流程及方法

我国常用的吹填方法有四种，如图 5-3 所示。

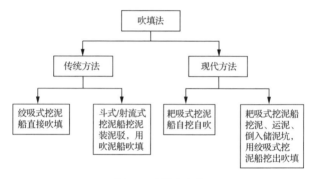

图 5-3　吹填法分类

1. 绞吸式挖泥船直接吹填施工

（1）施工准备。①实测拟吹填筑堤堤段及土料场的地形图，一般测量比例尺为 1：2000；②按堤身设计吹填断面（包括迎水坡比降、背水坡比降、第一层吹填平面及厚度、后续按设计堤高分层吹填断面等）；③计算标准吹填断面所需土料以及全段吹填所需土料；④施工放样。设置吹填堤中心线和边脚线，以及临时通航等标志。

（2）基本施工方法。

1）水力冲填。迎水面堤坡边布设 1 艘（组）挖泥船，背水面堤坡边布设 1 艘（组）挖泥船，两船均相距堤中心线 400m

挖泥(土)。输泥管来回沿堤中心线两侧冲填,直至达到吹填设计高程与水下坡比1:20才停止冲填,然后壤堤基沥水固结。

2) 沉淀池轮回分边充填。当堤基吹填土沥水固结达到一定厚度(一般为30～50cm)时,沿堤内、外坡脚修筑一级子堤(其断面尺寸:宽1m、高3m),子堤内外坡1:1.5,再根据吹填堤段长度按每350m左右分隔成沉淀池(其池宽30～100m,平均50m,池长200～500m,子堤高3～5m)。在修筑子堤的同时,在与子堤相垂直方向每隔20m交错埋置两层直径0.5m的柴枕1个,以利吹填泥浆沥水早固;或者在沉淀池池凼开挖一底宽1.5m溢流口,口底高于每次计划充填高0.5m,并用草垫和薄膜铺护口底及流坡,以免冲刷;或者用木制板耙将池凼内稀泥搭护子堤坡脚,以防止渗漏滑坡。

3) 人工填筑和整形固顶。一旦挖泥船充填到设计高程时,应立即停止挖泥船吹填;当吹填堤身发现膨胀或滑坡时,立即采取人工开挖沥水,以利固结稳定;待固结稳定,堤身下沉一定尺寸,人工进行加高密实堤高至设计堤顶高程,并整形修坡达到设计要求。

一般讲,对于粉质壤土,粉质黏土和黏粒含量少的壤土泥浆吹填,固结50d后,5m以下含水率小于28%;固结80d后,填体含水率可降至23%～25%,接近稳定的含水率。

(3) 主要工艺流程。绞吸式挖泥船挖泥吹填主要工艺流程如图5-4所示。

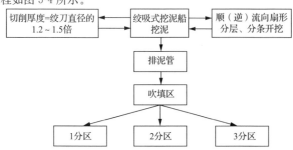

图5-4　绞吸式挖泥船挖泥吹填工艺流程

2. 斗式挖泥船挖泥装泥驳、吹泥船吹填施工

(1) 链斗式挖泥船锚缆斜向横挖法：

1) 适用条件。该法适用于水域条件好、挖泥船不受挖槽宽度及边缘水深限制的条件。该法系链斗式挖泥船最常用的一种方法。

2) 施工方法。施工时，一般需抛设 5 口锚，即首主锚和左右舷、前后舷共 4 口边锚；顺流施工或在有往复流处施工时需加抛 1 口尾锚。当挖泥船接近挖槽中线起点的上游(一般距起点 600～1000m)时，抛出首主锚(如为顺流施工，则先抛出尾锚)，然后下移至起点附近抛出左、右侧的前、后边锚。首主锚锚缆一般抛出较长，需在船首前 80～100m 处用一小方船将锚缆托起以增加挖泥船横向摆动的宽度。锚抛好后，调整锚缆，使挖泥船处于挖槽起点，即可放下斗桥，左、右摆动挖泥。向右侧横摆时，挖泥船纵轴线与挖槽中心线向右或较小角度使挖斗偏向挖泥船前进方向，以便更好地充泥。当所挖槽底达到设计要求时，绞进主锚缆，使挖泥船前进一段距离，再继续横摆挖泥。充泥泥斗向上运行至上导轮后，即折返向下运行，此时泥斗中泥沙自动倒入泥阱内，再通过溜泥槽将泥沙排至系泊于挖泥船左或右舷的泥驳中，泥驳装满后通过拖船拖带或自航至指定地点抛泥。

(2) 链斗式挖泥船锚缆扇形横挖法：

1) 适用条件。该法适用于挖槽狭窄、挖槽边缘水深小于挖泥船吃水深度的条件。

2) 施工方法。抛锚方法基本与斜向横挖法相同，但任何情况下都必须抛 6 口锚，施工时利用 2 口后边锚缆和尾锚缆控制船尾，类似于绞吸式挖泥船的三缆定位法；此时收放前左、右边锚缆，可使挖泥船以船尾为固定点，左、右横摆挖泥，其余施工方法与斜向横挖法相同。

(3) 链斗式挖泥船锚缆十字形横挖法：

1) 适用条件。该法在挖槽特别狭窄、挖槽边缘水深小于挖泥船吃水深度，利用上述扇形横挖法难以胜任时选用。

2) 施工方法。抛锚方法与斜向横挖法相同。施工时挖

泥船以船的中心作为摆动中心,当船首向右侧摆动时,船尾则向左侧摆动,反之船首向左侧摆动时,船尾则向右侧摆动。在有限的挖槽宽度内,挖泥纵轴线与挖槽中心线所构成的交角比扇形横挖法要大,便于泥斗挖掘挖槽边缘的泥土。其余施工方法与斜向横挖法相同。

(4)链斗式挖泥船锚缆平行横挖法:

1)适用条件。该法适宜流速较大的工况条件。

2)施工方法。抛锚方法与斜向挖法相同。施工中挖泥船横摆时其纵轴线与挖槽中心线保持平行,以减少所受的水流冲击力。其余施工方法与斜向横挖法相同。

(5)抓斗式挖泥船锚缆纵挖法:

1)适用条件。在顺流水域大部分采用此法。在逆流水域只有当流速不大、水深较浅以及有往复潮流区施工时采用。

2)施工方法。抓斗式挖泥船挖泥时船身并不移动,抛锚主要为稳住船身,并便于前移。施工时一般抛锚5口;在单向水流区,船首抛2口八字锚,船尾抛左、右后边锚和尾锚各1口(也可只抛2口八字锚);在往复水流区,船首抛首锚和左、右前边锚各1口,船尾抛2口八字锚,在流速较大的往复流地区,也可以抛1口锚,即抛左、右后边锚和尾锚各1口。山区河流多用抓斗式挖泥船进行疏浚,此处河床底质以岩石或卵石为主,且流速较大锚不容易抓住,遇此不能抛锚情况,可将缆绳直接系于岸上的巨石、石梁或人工的系缆物上,需布设缆绳数量视当地情况而定;布设的缆绳需穿越航道时,应改用一段缆条,保证航道内的缆条都紧贴河底。锚缆抛设好后,将挖泥船移至挖槽起点,下斗挖泥,通过可旋转的起重机械,将充泥的抓斗提升出水面,并旋转至系泊于船侧的泥驳卸泥,然后再旋转至下一施挖位置下斗挖泥。泥驳装满后,由拖轮拖至指定的地点抛泥。挖泥船抓斗施挖轨迹,是以旋转机械为中心横向于挖槽的弧形,能施挖的宽度取决于抓斗至旋转中心的距离。当挖完圆弧上需挖的泥后,绞进锚缆,使挖泥船移动一个前移距,再重复依次下斗挖泥。抓斗式挖泥船一次能挖的宽度有限,常不能满足挖槽要求的宽度,需将挖槽分成等于挖泥船能挖宽度的若干条,挖泥船纵向挖完第一条后,再退回至起挖断面处施挖第二条、第三条,依次挖完。

(6)自航抓斗式挖泥船锚缆横挖法:

1)适用条件。当自航式配备悬索抓斗时,特别适用于大深度挖泥条件。

2)施工方法。抛锚方法与链斗式挖泥船的横挖法相同。施工时挖泥船作间歇性的横向摆动,利用抓斗抓取泥沙,开挖成横垄沟。挖泥船在挖槽边线定好船位后,下放抓斗在船的一侧进行挖泥,当到达要求深度后,将挖泥船横移一段距离,再下斗挖泥,如此循环,直至挖至挖槽的另一边线为止,完成本垄沟作业,再绞进挖泥船进行下一垄沟作业;每一船位能挖的宽度,由抓斗机性能决定,在可能条件下,尽量挖宽一些以减少移船次数。自航抓斗一般有两个或两个以上的抓斗机,多个抓斗机可相互配合,如每个抓斗机各挖一条垄沟;或一个抓斗机挖上层,另一个抓斗机在船的另一舷挖同一垄沟的下层。自航抓斗一般在本船配备有泥舱,抓起泥沙可直接置于泥舱内。泥舱装满后,需解缆自航至指定地点卸泥,然后驶回原地,捞起缆绳系好再行挖泥。

(7)铲斗式挖泥船钢桩纵挖法:

1)适用条件。可用于狭小水域的卵石、碎石、大小块石、硬黏石、珊瑚礁、粗砂以及胶结密实的混合物、风化岩以及爆破后的岩石诸介质挖掘。

2)施工方法。铲斗式挖泥船下铲挖泥时产生的反作用力甚大,同时还要受风、水流的压力,因此需利用三根钢桩来固定船位。在船身受力过大,钢桩难以控制住船位时,还可以使用锚缆配合(在难于抛设钢桩的情况下,受力不大时,亦可单独锚缆定位,抛锚方法与链斗式挖泥船类似)。挖泥船在施工起点下桩定位后,以两根前桩作支撑点,用抬船绞车将船向上绞起一定高度,即利用钢桩自重加部分船重,能更好地控制船位。抬船至一定高度并定位后,即可下斗挖泥,铲斗充泥后提升出水面,并旋转至系泊于船侧的泥驳卸泥,卸完泥后再旋转至下一施挖位置下斗挖泥。泥驳装满后由拖船拖至指定地点抛泥。铲斗施挖的轨迹,是以旋转机械为中心横向于挖槽的弧形,能施挖的宽度取决于铲斗至旋转中心的距离。当挖完圆弧上需挖的泥后,使挖泥船恢复漂浮状态,将铲斗向正前方抛出,提出两根前桩,此时将沉于水底的铲斗向船首回收,船体即相应的向前运动,尾桩亦随之发生倾斜(根据倾斜角度和桩尖至水面的距离可计算出前移的数值),当船前移达到要求的前移距离后,放下两根前桩,将尾桩提出再垂直放下,即完成一次前移作业(如为反铲,则将铲斗不是收回而是推出,进行后移作业)。船移好后,即可进行下一轮抬船、挖泥等作业。铲斗式挖泥船一次能挖的宽度有限,常不能满足挖槽要求的宽度,需将挖槽分成等于挖泥船能挖宽度的若干条,挖泥船纵向挖完第一条后,再退回至起挖断面处施挖第二条、第三条……挖泥船退回时,可采用上述类似反铲的后移作业法,或由拖船协助。

(8)斗式挖泥船挖泥装泥驳、吹泥船吹填施工流程如图 5-5 所示。

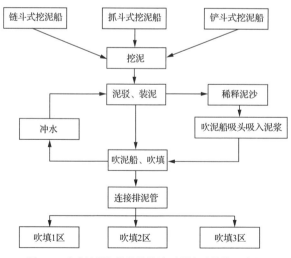

图 5-5　斗式挖泥船挖泥装泥驳、吹泥船吹填施工流程

3. 耙吸式挖泥船自挖自吹施工

(1) 固定码头吹填法：

1) 适用条件。该法适宜在吹填工程位于已有港航码头附近的条件。

2) 施工方法。利用自航式、自带泥舱、一边航行一边挖泥的耙吸式(扬吸式)挖泥船，在设计水域范围挖泥。先把耙吸管放入河底，通过泥泵的真空作用，使耙头与吸泥管自河底吸取泥浆进入挖泥船的泥舱中，泥舱满载后，起耙航行至固定码头，挖泥船通过冲水于泥舱并自行吸出进行吹填。

(2) 泥驳作浮码头和吊管船吹填法：

1) 适应条件。该法适宜无固定码头、耙吸式挖泥船自挖自吹工况条件。

2) 施工方法。施工方法与固定码头吹填法基本相同。不同之处在于固定码头吹填法靠泊的码头是固定的码头，而本法是浮动的码头。两者相比较，同样方量的挖泥吹填所花费的工时，浮动码头相对要多花费一些时间。

(3) 双浮筒系泊岸吹填法：

1) 适用条件。该法广泛适宜于各种水域的自航耙吸式自挖自吹挖泥船施工工况条件。

2) 施工方法。施工时，在吹填区附近深水域设置两个系船浮筒供 4500m³ 耙吸式挖泥船系泊，并与一艘长 12m、宽 6m 的小方驳改装成接管船，通过配备的起吊装置和快速接头，供挖泥船与陆端排泥管接卡与吹泥时以调节船管与岸管之高差之用。其他施工方法均与上述两工法相同。

4. 耙吸式挖泥船挖泥、运泥，倒入储泥坑，用绞吸式挖泥船挖出吹填施工

(1) 国内常用的耙头：①DB 耙头。特点是提高了进流与运载流的速度，改善了同类耙头到吸管过渡区的流道突变性状，降低了该区的变流损失，从而增强了泥泵真实度的利用率。②动力旋转耙。特点是在滚筒上安装多个刀片，将泥土切成薄片便于吸走，可提高工效，并降低成本。该耙头在挖掘黏性土时适宜采用。③通用耙头。适用于挖掘各种泥土，尤

其适用于挖砂,包括密实的沙。④阿姆勃劳斯耙头。适用于挖掘淤泥、松散砂土及小砾石,但不适用于挖掘密实的细砂。⑤荷兰 IHC 标准耙头。特点是适宜挖掘淤泥和散细、中、粗沙及小砾石、卵石等,但对挖掘密实的沙仍显吸力不足的缺点。

(2)泥舱分类与选择:①漏斗型泥舱。用于泥沙沉淀、方便卸泥的耙吸式挖泥船。②隔舱泥舱。用于高容积耙吸式挖泥船。③开体泥舱。用于快速卸泥并不留残物的耙吸式挖泥船。

(3)泥门分类与特点:①矩形外开式泥门。特点是卸泥开度较大、泥舱中通路好、卸泥快。不足之处是对风浪适应性较差,检修较困难。②圆锥形外开式泥门。特点是泥门所占泥舱容积小,并能抵御一定风浪。不足之处是卸泥比矩形外开式泥门慢。③圆柱形内开式泥门。特点是泥门向上开启,较上述外开式泥门少一个泥门开启深度,而且挖掘船搁浅时不会影响卸泥,也能抵御风浪。缺点是泥门占泥舱容积大,卸泥较慢。④抽屉式泥门。特点是卸泥快,占泥舱容积小,受风浪影响小,可用于距离较近、水深较浅的抛泥区。不足是泥门易变形,不易维修保养。

(4)耙吸式-绞吸式挖泥船联合作业挖泥吹填施工流程,如图 5-6 所示。

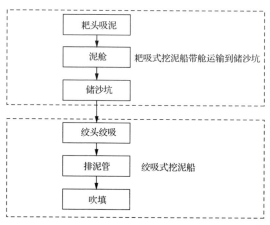

图 5-6 耙吸式-绞吸式挖泥船联合作业挖泥吹填施工流程

第三节 抛 石 填 筑

抛石法是指通过人工或机械抛投散乱块石、卵石,在指定区域堆砌成符合设计要求的结构体,并使之具备各类堤岸的基脚防护功能的一种填筑方法。

一、适用范围

1. 抛石保护堤脚

抛石保护堤脚亦称水下抛石护岸或抛石护岸,采用抛石法对岸坡水下部分进行保护,增强基脚的抗冲刷能力,达到护岸的效果。抛石保护堤脚是平顺坡式护岸下部固基的主要方法,也是处理崩岸险工的一种常见、应予优先选用的措施。抛石保护堤脚具有就地取材、施工简单、可以分期实施的特点。平顺坡式护岸方式较均匀地增加了河岸对水流的抗冲能力,对河床边界条件改变较小。所以,在水深流速较大以及迎流顶冲部位的河岸,通常采用这一形式。

2. 防汛抢险

主要用于溃堤堵口。

3. 抛石筑堤

抛石筑堤常用于陆域软弱地基段或水域围海工程填筑堤身,首先借助抛石形成临水侧的防浪堆石棱体,工程上习惯称为"堤心石抛石",并以依托填筑堤身闭气土方,再按一般程序进行堤身施工。因此,在江河裁弯取直封闭原河道,以及水毁堤防堵口复堤时也经常采用抛石筑堤施工方法。

4. 其他应用

(1)抛石保护桥基。

(2)抛石保护冻地区铁道路基。

二、材料、设备

1. 材料

(1)护岸工程石料要求坚硬,遇水不易破碎或水解,不允许使用薄片、条状、尖角等形状的块石及风化石与泥岩。石料湿抗压强度大于 50MPa,软化系数大于 0.7,质量密度不小于 2.65t/m³。

(2) 石料粒径要求符合设计要求。块石需要大小搭配，在一定的粒径级配范围内，有利于河床的调整，适量的小块石可以填塞大块石之间的缝隙，增加覆盖层的密实率，这样可以充分利用石料，还可以提高护岸工程抗御水流冲刷的能力。

(3) 平顺抛石护岸工程石料粒径选择的原则：①下限应按护岸段可能发生的最大流速计算块石的粒径；②上限应保证工程设计的抛石厚度及在岸坡上至少要抛护 2～3 层来控制，块石过大保证不了层数，造成块石间空隙过大甚至出现空白；③抛填块石料粒径一般采用 0.15～0.5m，单块不得小于 10kg。

2. 施工设备

(1) 抛石船和抛投设备。钢制机动驳船、侧翻或底（对）开式自卸驳船等。

(2) 定位船和工作船。钢制趸船或机动驳船充当。

(3) 测量设备。全站仪、测速仪、流速仪、GPS、测距仪、经纬仪、探测仪等。

三、施工流程

抛石填筑施工流程见图 5-7。

四、施工工艺

1. 施工准备

(1) 机构设置及人员配备。机构的设置要求完善、协调，有利于工作的正常开展。施工、质量、安全保证三套管理体系要有专门的组织机构，并且做到人员落实、制度健全、措施得力，防止流于形式。

(2) 施工机具配备。定位船、抛石船、运输船数量要求满足工程进度需要，测量仪器、测速仪器要能有效对工程进行控制。施工及测量设备需满足质量性能和精度要求。

1) 定位船的航道资质、吨位要满足标书中规定的要求，最好选用有自航能力的船只。

2) 抛石船舱面加固要牢固。

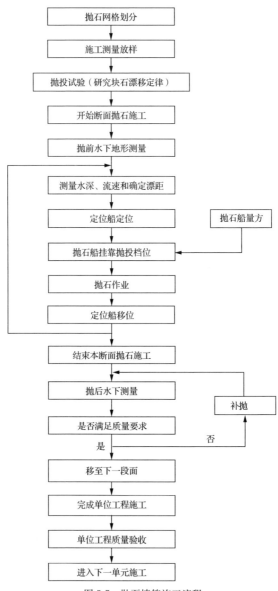

图 5-7 抛石填筑施工流程

3）交通船的配备只数、性能需满足工作与处理突发性水上事故的需要。

（3）编制《施工组织设计》。抛石护岸工程开工前，施工单位应根据合同工期、设计文件、技术规范、现场自然条件和施工单位自身情况，编制《施工组织设计》，并提交监理单位审核。

（4）设计图纸及资料复核。基本资料包括：①测绘资料；②设计文件；③水文气象资料。

（5）设计交底。设计交底的内容一般包括：设计文件总体介绍、设计意图说明、特殊施工要求、施工难点说明、问题答疑等。

（6）单元工程划分与编码。《水利水电工程单元工程施工质量验收评定标准——堤防工程》（SL 634—2012）规定：水下抛石护脚工程"按施工段划分单元工程，每个单元工程长度不宜超过 100m"。

（7）材料检验。一般应包括：干密度、湿抗压强度、软化系数等项目。

进场材料质量要求如下：

1）石料质量要求：块石要求质地坚硬，遇水不易破碎或水解，湿抗压强度大于 50MPa，软化系数大于 0.7，质量密度不小于 2.65t/m³；不允许使用薄片、条状、尖角等形状的块石。风化石、泥岩等亦不得用作抛填料；抛填块石粒径、重量应符合设计要求，一般采用粒径 0.15～0.5m 块石抛投，单块重量不小于 10kg。

2）如工程施工需要，施工单位要改变或增加石料厂，或在抛石现场购买石料，应报监理工程师审批，并提交石料质量检测报告。

3）在施工过程中，监理工程师可根据石料质量情况，督促施工单位定期或不定期对石料质量进行检验，并对其石料检测进行见证取样、送样，必要时进行监理抽查。

4）对于少量（小于 15%）的超径、逊径或薄片、条状、尖角等形状的石料应在量方、抛投后予以扣方，否则应予以退船;风化石、泥岩不得进场。

（8）其他事项。有关工程其他事项的准备工作,如占有航道的申请、工程用电、夜间现场照明及临时人员的管理等,均应在施工前办妥。

2. 施工工艺

（1）抛石网格划分。水下抛石护岸施工一般采用网格抛石法。即施工前将抛石水域划分为矩形网格,将设计抛石工程量计入到相应网格中去,在施工过程中再按照预先划分的网格及其工程量进行抛投,这样就能从抛投量和抛投均匀性两方面有效地控制施工质量。

水下抛石施工一般采用抛石船横向移位方式完成断面抛石,抛石施工时,石料从运石船有效装载区域两侧船舷抛出,因此,抛投断面的宽度与抛石船有效装载长度基本相同。为便于网格抛石施工,取网格纵向长度与抛石断面宽度一致较为合理。施工通常采用的钢质机动驳船,其甲板有效装载长度为 18～20m,网格纵向长度可参考这一数值。

抛石护脚单元工程的划分沿岸线方向一般跨 2 个设计断面,总长为 80m,抛石区域宽度一般为 50～60m。将单元纵向长度按 4 段等分为网格纵向长度,刚好 20m,与一般抛石船有效工作长度一致,也符合验收规范对测量横断面间距要求。网格横向长度根据抛石区域宽度在 5～10m 范围内选取,为避免网格过密宜取为 10m。综合考虑以上因素,对于一般抛石护脚单元推荐 20m×10m（纵向×横向）划分网格。

为便于施工管理,对单元内任一具体网格均应规定唯一识别编号。为此推荐将网格平行于岸线的横向间隔命名为"行",自远岸向近岸编号依次为 1 行、2 行……将网格垂直于岸线的纵向间隔命名为"段（或列）",自上游向下游编号依次为 1 段、2 段……

单元网格划分表一般情况由施工单位开工前自行编制,表内应注明单元工程编码和桩号位置,并应将设计工程量分解为网格设计量标示于相应的表格栏目内。单元网格划分表属于抛石作业的工艺性文件,是指导网格抛石作业的依据。

(2)施工测量放样。

1)建立测量控制网。首先布设施工控制网。控制网在转折处设一控制点,直线段每200m左右设一点,控制点等用混凝土护桩,并做明显标志,以防止破坏。

2)施工测量。测设水下抛石网格控制线。依据设计图纸给定的断面控制点和抛石网格划分,结合岸坡地形,采用全站仪精确定位,确定抛石网格断面线上的起抛控制点和方向控制点,每个控制点均应设置控制桩表示,见图 5-8。

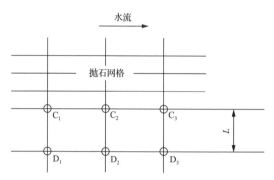

图 5-8   抛石网格控制点布置示意图
C—起抛石控制点;D—方向控制点

图 5-8 中 C 点为网格线上的起抛控制点,是确定和测量抛石网格横向间距的基点;D 点为网格线方向参考点,确定横向网格线的延伸方向。C、D 点间保持一定距离 L,L 值应适当取大,以保证控制精度。若起抛控制点 C 因地形原因设置标记有困难,则可以向岸坡方向适当平移。抛石网格控制标记设置应牢靠,要便于观测使用,施工中要注意妥善保护。

(3)抛投试验。抛石定位船定位时,需要根据块石遇水后的漂距确定其定位偏移量,抛石漂距可以在施工过程中随时通过抛投实测方法确定。但在一般施工过程中,如果要求定位船每次定位都要通过抛石实测来确定漂距,那么定位过程会过于繁琐,也会严重影响施工效率。因此,施工中通常的做法是在正式抛石前先进行抛投试验,通过实验获得在施工水域内不同重量块石在不同流速和水深时的落点漂移规律,在此基础上得到适用于该水域的漂距计算经验公式或经验数据查对表格,实际施工中,当定位船需要在某一抛投位置定位时,只需测量该位置水深和流速,即可利用经验公式或表格,直接计算或查取漂距值,作为定位依据。

抛投试验的做法如下:先对试验区域内的水流流速、水深进行测量,再对每个典型的块石进行称重,然后测定单个块石的漂距,如此重复对不同重量的块石在不同流速、不同水深条件下进行漂距的测定,测出多组数据,最后整理出试验成果。在此基础上通过对试验成果的分析,选择适合于施工水域的经验公式的系数 k 值,或编制适用于该具体工程的"抛石位移查对表"。

(4)水下断面测量。水下抛石层厚度是护岸工程质量验收的检测项目之一,检测值通过抛前抛后水下地形测量结果分析计算得出。

抛前地形测量应在正式抛石前施测,抛石后的地形测量应在抛的时候立刻进行,以使其成果能较真实地反映抛前抛后的实际情况。水下抛石地形测量除按 1:200 的比例绘制平面地形图外,还应按规定沿岸线 20～50m 测一横断面,每个横断面间隔 5～10m 的水平距离应有一个测点,对抛前、抛后及设计抛石坡度线进行对比,要求抛后剖面线的每个测点与设计线相应位置的测点误差为 ±30cm。

(5)定位船定位。定位船一般要求采用 200t 以上的钢质船,从定位形式上可分为单船竖一字形定位、单船横一字形定位和双船 L 形定位 3 种,如图 5-9 所示。

1)单船竖一字形定位主要适用于水流较急的情况,船只水流定位较为稳定、安全,一次只能挂靠 1～2 艘抛石驳船进行抛投。定位船沿顺水方向采用"五锚法"固定方法,在船首用一主锚固定,在船体前半部和后半部分别用锚八字形固定,靠岸侧采用钢丝绳直接固定于岸上。定位船的位移则

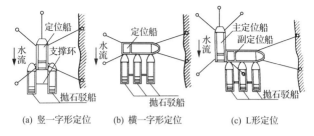

(a) 竖一字形定位　　　(b) 横一字形定位　　　(c) L形定位

图 5-9　定位船定位形式

利用船前后齿轮绞盘绞动定位锚及钢丝绳,使其上、下游及横向移动。

2)单船横一字形定位主要适用于水流较缓的情况,一次可挂靠多艘抛石驳船进行抛投。定位船采用"四锚法"固定,在船体迎水侧及背水侧分别用两根锚呈八字形斜拉固定,靠岸侧两根锚直接固定于岸上。

3)双船L形定位综合了前两种定位方式的优点,采用的是将两条船固定成L形,主定位船平行于水流方向,副定位船垂直于水流方向。适用于不同水流流速,一次可挂靠多艘抛石驳船进行抛投。主定位船采用"五锚法"固定于江中,副定位船采用"四锚法"固定,靠江心方向固定于主定位船上,靠岸侧固定于岸上。在同一抛投横断面位移时,主定位船固定不动,绞动副定位船使其上、下游及横向移动。

准确定位之前,须进行水深、流速等参数的测量,以便计算漂距,确定抛投提前量。

(6)石料计量。水下抛石的石料计量可以采用体积测量方法,也可以采用重量测量方法。两者之间换算:对于一般石料(花岗岩,质量密度约 $2.65t/m^3$),在自然堆码状态下通过测量堆码外形尺寸所得体积与石料实际重量间的关系(容重)约为 $1.7t/m^3$。

体积测量方法(量方法)就是在船上直接量出石料体积,再按石料堆放的空隙率,折算出最后的验收方量,其主要优点是验收方法简单、速度快,缺点是空隙率难以确定、矛盾多。

重量测量方法(称重法)就是将船上的石料全部过磅称重,再按 1.7t/m³ 折合成验收方量,其主要优点是数量准确合理,缺点是过磅速度慢,不能满足施工进度的要求。

(7)抛石档位划定和挂档作业方法。根据实验和经验的总结,在抛石船船舷处于平行于水流方向时,人工抛投石块覆盖区域的宽度一般为船舷下向外达 1~2m,见图 5-10。

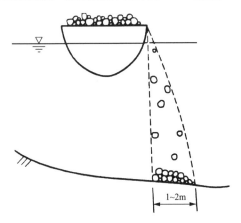

图 5-10 抛石覆盖区域示意图

为避免抛石过程中抛石位移间距过大,出现块石抛投不均匀,甚至出现空缺的情况,一般在施工前,均应预先按照抛石覆盖宽度指定出抛石横向位移档位。在施工过程中,一方面按照抛投档位间距在定位船上做出相应标记,以控制抛石船按档位挂靠和位移,确保不出现抛石空档区;另一方面还需将设计抛石工程量细化为档位抛投量,并编制水下抛石档位记录表,用于施工现场作业调度,以便于控制施工质量。

人工抛石档位的间距可按 1m、1.5m 或 2m 选取。

1)按 1m 间距,现场调度和操作量较大,但每档重叠范围大,块石分布均匀性好。

2)按 2m 间距,施工工效较高,但抛石随每档块石散落的分布规律呈现疏密波动变化。

3)按 1.5m 间距,优劣介于以上两种情况。在网格工程量统计时可能会由于网格的行宽度与档位间距不是整倍数关系而需要对档位抛石量进行比例分配,影响统计结果的直观性。

抛石护岸施工有时受工程量大、工期紧等因素制约,需要进行多作业面、高强度施工,导致施工现场情况复杂,所以,准确而有序的现场施工调度是保证施工质量的关键。因此,需要注意以下事项:

1) 定位船上档位标记与抛石船挂靠时的对应关系必须事前明确规定,并在施工中严格执行。

2) 当抛石船两侧需要同时抛投时,则按两侧船舷实际对准的档位标记进行记录,如有少量误差,可适当兼顾。

3) 档位抛石量由施工员现场在档位抛石量分解表相应空格内及时累加,达到设计量时即指挥抛石船位移。

4) 如抛石船有效长度小于网格长度,则在抛投过程中采取弥补措施,如将抛石船沿纵向适当位移抛投,或由其他抛石船补抛局部区域等。若抛石船有效长度超过网格长度,则应要求施工人员将块石抛入网格范围内。

5) 抛石船上的石方量如需分割,则由施工员现场估测后做出标记,并指挥完成。

6) 档位石方量误差按±5%控制。

(8) 抛石作业。抛石作业一般采用经过培训、具有抛石作业资格的人员实施人工抛投。抛石工人作业时须穿戴救生衣。在施工强度较大的区域施工,亦可采用小型船载挖掘机抛投。抛投施工必须服从现场施工员、质检员的指挥调度,服从旁站监理人员的监督管理。

1) 开工前,施工单位的施工员、质检员应到岗,否则,现场监理人员可指示暂缓开工。

2) 抛石施工前,应检查各项准备工作及相应工作表格是否准备好。抛投顺序安排是否符合从上游向下游依次抛石的规定。定位船上的档位划分标记是否完备正确。监理应对挂档标记与抛石船挂靠方式进行核定。

3) 档位抛投量和网格抛投量应依据设计方量进行控

制,按照"总量控制、局部调整"的原则施工。施工控制中应贯彻"接坡石抛足,坡面石抛匀、备填石抛准,对突出坡嘴处控制方量,对崩窝回流区适当加抛,尽量保证水下近岸水流平顺"的设计意图。实抛过程中,应通过档位抛石的正确调度,使网格的设计抛石量误差必须控制在 0～+10% 以内。

4) 在抛投作业中,现场监理工程师应对抛投过程进行旁站,检查定位船定位记录和抛石船的挂档抛石记录,并予以签证。对于机械抛投,应监督挖掘机手严格按设计计量和船载石方量标记分层挖抛,保证平缓移车和均匀抛投到位,严禁沿船舷堆抛块石入江;对于人工抛投,应服从施工员现场调度,严格控制档位内超抛或欠抛现象。对因船型不一致(主要是前舱距不一致)或抛石船搭接不好而产生的漏抛区位,以及现场观察分析有欠抛现象的部位,应及时采取措施补救。

5) 完成一个单元的全部抛石断面(段)施工后,应及时进行单元工程量汇总,按照抛石现场原始记录"水下抛石档位抛石量记录表"数据,汇总为单元网格工程量,填写"抛石网格工程量统计表",并由监理工程师签证,作为单元工程验收和工程量支付的依据。

第四节　砌石筑墙(堤)

一、施工流程图

砌石筑堤的施工流程见图 5-11。

二、砌筑材料

浆砌石墙(堤)宜采用块石砌筑,如石料不规则,必要时可采用粗料石或混凝土预制块作砌体镶面;仅有卵石的地区,也可采用卵石砌筑。砌体强度均必须达到设计要求。

1. 块石

块石指的是符合工程要求的岩石,经开采并加工而成的形状大致方正,无尖角,有两个较大的平行面,其厚度不能小于 200mm,宽度为厚度的 1.5～2.0 倍,长度为厚度的 1.5～

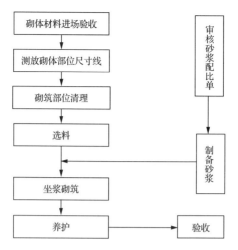

图 5-11　砌石筑堤施工流程

3.0倍。块石分有多种类型,主要有花岗石块石、砂石块石等。

2. 粗料石

料石是由人工或机械开拆出的较规则的六面体石块,用来砌筑建筑物用的石料。按其加工后的外形规则程度可分为毛料石、粗料石、半细料石和细料石四种。其中粗料石宽度和厚度不宜小于200mm,长度不宜大于厚度的4倍,叠砌面和接砌面的表面凹入深度不大于20mm;外露面及相接周边的表面凹入深度不大于20mm。

3. 混凝土预制块

尺寸准确,整齐统一,表面清洁平整,强度符合设计要求。

4. 卵石

卵石是风化岩石经水流长期搬运而成的粒径为60~200mm的无棱角岩石颗粒,形状多为圆形,表面光滑。

三、砌筑工艺

1. 浆砌石砌筑要求

(1)砌筑前,应在砌体外将石料上的泥垢冲洗干净,砌筑时保持砌石表面湿润。

（2）应采用坐浆法分层砌筑，铺浆厚宜 3～5cm，随铺浆随砌石，砌缝需用砂浆填充饱满，不得无浆直接贴靠，砌缝内砂浆应采用扁铁插捣密实；严禁先堆砌石块再用砂浆灌缝。

（3）上下层砌石应错缝砌筑；砌体外露面应平整美观，外露面上的砌缝应预留约 4cm 深的空隙，以备勾缝处理；水平缝宽应不大于 2.5cm，竖缝宽应不大于 4cm。

（4）砌筑因故停顿，砂浆已超过初凝时间时，应待砂浆强度达到 2.5MPa 后才可继续施工；在继续砌筑前，应将原砌体表面的浮渣清除；砌筑时应避免振动下层砌体。

（5）勾缝前必须清缝，用水冲净并保持缝槽内湿润，砂浆应分次向缝内填塞密实；勾缝砂浆标号应高于砌体砂浆；应按实有砌缝勾平缝，严禁勾假缝、凸缝；砌筑完毕后应保持砌体表面湿润做好养护。

（6）砂浆配合比、工作性能等，应按设计标号通过试验确定，施工中应在砌筑现场随机制取试件。

2. 混凝土预制块镶面砌筑要求

（1）预制块尺寸及混凝土强度应满足设计要求。

（2）砌筑时，应根据设计要求布排丁、顺砌块；砌缝应横平竖直，上下层竖缝错开距离不应小于 10cm，丁石的上下方不得有竖缝。

（3）砌缝内应砂浆填充饱满，水平缝宽应不大于 1.5cm，竖缝宽不得大于 2cm。

3. 干砌石砌筑要求

（1）不得使用有尖角或薄边的石料砌筑，石料最小边尺寸不宜小于 20cm。

（2）砌石应垫稳填实，与周边砌石靠紧，严禁架空。

（3）严禁出现通缝、叠砌和浮塞；不得在外露面用块石砌筑，中间以小石填心；不得在砌筑层面以小块石、片石找平；堤顶应以大石块或混凝土预制块压顶。

（4）承受大风浪冲击的堤段，宜用粗料石丁扣砌筑。

第五节 混凝土筑墙(堤)

一、施工准备

施工前,应落实施工队伍及设备调遣计划,并组织机械设备进场工作,落实原材料的供应渠道及运输计划。同时展开临时房屋及施工便道的场地平整。在进场做好三通一平工作的同时,还应进行施工测量控制点的复核、设置工作。沿河道两岸各布设一条河道中心线的平行线,每隔20m设一平面和高程的控制点,其精度应满足施工的需要。

二、施工工艺

1. 施工流程

混凝土筑墙(堤)施工流程如图5-12所示。

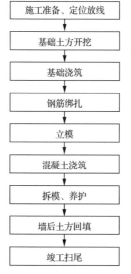

图 5-12　混凝土筑墙(堤)施工流程

2. 施工方法

(1)基础土方开挖:

1)定位放线后,根据地质资料、地下水位及现场情况,必要时采用钢板桩护壁支撑。

2）采用机械开挖，开挖时应预留 0.3m 保护层，该保护层应由人工开挖，不得超挖。

（2）墙体施工：

1）模板：模板及支架结构必须具有足够的强度、刚度和稳定性，以保证浇筑混凝土的结构形状尺寸和相互位置满足设计要求。

模板安装时用钢管扣件及木撑支撑固定，模内用 Φ16 螺杆对拉，防止浇筑过程中涨模。模板定位采用桩顶轴线控制，模板顶部用垂球对准桩中心后量距定位。

2）钢筋加工。钢筋原材料及其制作加工必须满足设计要求，及时送检、报验。钢筋采用集中下料成型，编号堆放，运输至作业现场进行绑扎。

钢筋下料前必须审阅各相关施工图设计，确定相关尺寸、规格、数量，列出下料单经技术负责人审核后方可下料。

钢筋表面应保持清洁，无油渍、泥土、铁锈。

$\phi10mm$ 以下的Ⅰ级钢筋用调直机或卷扬机冷拉调直，冷拉伸长应控制在 1‰ 以内，调直后的钢筋用断线钳下料。

$\phi10mm$ 以上的Ⅰ、Ⅱ钢筋采用断筋机或轮切割机截断。

Ⅱ级钢筋接头采用搭接焊，钢筋搭接焊时，两钢筋搭接端都应预先向一侧折成 4°，使搭接钢筋轴线一致。焊接长度应控制在单面焊 $\geqslant10d$，双面焊 $\geqslant5d$，应保证焊缝饱满、整洁，待焊疤冷却后清除焊渣。Ⅱ级钢筋焊接用 506、507 焊条。

箍筋的弯曲采用弯曲机制作，制作时严格控制几何尺寸和弯曲角度，以免影响骨架的外形尺寸和形状。

钢筋骨架绑扎时，先在主筋上用石笔画出箍筋间距，然后绑扎箍筋。预制成的骨架必须具有足够的刚度和稳定性。

构件钢筋在现场整节制作好，在立模前用电焊点焊牢固，根据放样的闸墙中心准确定位，检查好垂直度后固定好，确保下道工序顺利进行。

钢筋与模板间一律使用同标号预制混凝土垫块，准确设置保护层，以保证外观质量。

3）结构混凝土施工：浇筑混凝土应连续进行，严禁在运输途中和仓中加水，混凝土应随浇随平。混凝土采用插入式振捣棒进行振捣。在无法使用振捣器或浇筑困难的部位，辅以人工捣固。

①施工前的准备工作。检查前道工序，必须验收合格；混凝土拌和、运输、浇筑设备必须完备充足，并考虑机械故障等意外事故的应急措施；各工种人员充足落实到位；计量、试验设备齐全；混凝土标号、设计配合比、施工配合比、外加剂等挂牌齐全。

②混凝土搅拌及运输。结构混凝土采用混凝土搅拌机拌制，每盘料搅拌时间不低于90s。墙体混凝土采用混凝土搅拌运输车运输。

③混凝土的浇筑。在浇筑墙体时，由于浇筑的体积较大，温度较高，可采用循环水管法或加入适量降低水化热的外掺剂，降低混凝土水化热，避免混凝土因水化热过高而发生开裂的现象。

在浇筑墙体混凝土前，必须先将基础浮浆和杂物清理干净，浇筑高度大于2m时，采用串筒滑落下料，以防止混凝土出现离析现象。混凝土采用分层浇筑，每层厚度控制在50cm以下。在浇筑过程中，认真做好混凝土试件，制作试件时用标准振动台成型，振动时间不得超过90s。

④混凝土的振捣。混凝土的振捣是直接影响混凝土质量的关键。如振捣不到位，不但影响混凝土的内在质量，而且还会影响其外观质量，将来混凝土表面容易出现蜂窝麻面现象。为确保混凝土的质量，插入式振动器应垂直或略微倾斜插入混凝土中，振捣时掌握"快插慢拔"的原则，边提边振，以免在混凝土中留有空洞，插入式振动器振动时振动范围不应超过振动头长度的1.5倍，一般为30cm。振动时振动头与侧模保持5～10cm的距离，还应防止振动头与模板、钢筋预埋件碰撞所引起的松动、变形、位移。另外，在振动上层混凝土时，还应插入下层混凝土5～10cm，使上下层混凝土结合牢固。在混凝土振捣过程中，也不能出现过振现象，一般

控制在 25～40s,当混凝土表面停止下沉,呈现平坦、泛浆或振捣时不再出现显著气泡,混凝土已将模板边角部位填满充实,表明该区域混凝土已振捣完成。

⑤混凝土的养护。混凝土养护是确保混凝土质量的重要环节,混凝土成型拆模后,使其表面维持适当的温度和湿度,保证内部充分水化,促进强度不断增长。对于桥下部结构养护,采用构件表面覆盖土工布和洒水养护结合的方法,根据浇筑时间和气温决定每天洒水次数,确保构件处于湿润状态,养护 7d 以上。

4) 伸缩缝施工。在沉降缝施工中要注意橡胶止水的摆设,摆放时注意平整,用模板固定撑牢,浇筑时注意橡胶止水带是否发生偏移。如有偏移现象应及时校正,确保止水带能够按照设计要求摆放到位。

第六节 防渗工程施工

一、防渗工程分类

堤防防渗工程从空间展布角度讲,分为水平防渗、垂直防渗和两者兼备三类。

如果按对堤身、堤基和它们的结合体与穿堤建筑物来讲,具体防渗工程包括:外铺盖、堤外抽槽黏土齿墙、平台压浸、填塘盖重、减压井(沟)、吹填盖重、土工合成材料隔渗层及防渗斜墙、锥探灌浆防渗、劈裂灌浆防渗止水、垂直防渗墙等。

1. 外铺盖

外铺盖指在堤外于上游河床上与堤底铺设衔接的防渗层,俗称水平铺盖。采用外铺盖的目的在于延长渗径、降低水力坡降。

2. 堤外抽槽黏土齿墙

堤外抽槽黏土齿墙是在堤外采用抽槽并填筑黏土伸入堤基中的突出齿形结构。堤外抽槽黏土齿墙多用于浅层透水堤基,其截水槽底部应达到相对不透水层。

3. 平台压浸

平台压浸是在堤基表层天然防渗铺盖缺失或过薄的情况下，为防止堤基渗漏和渗透破坏在堤内脚地表设置的一种表面压盖的措施。一般根据当地堤段附近的土质，选用黏土或砂性土作为平台压浸材料。非汛期或施工机械与条件允许，平台压浸可采用吹填法施工。

4. 填塘盖重

填塘盖重是对堤后坑塘用土料填筑一定厚度的覆盖层。

当堤外有高水位时，若堤内坑塘自由表面过低，堤基结构复杂欠稳情况下，为保持堤外水重与堤内水重有一个平衡状态采取的一种简单易行的压浸措施。

5. 减压井（沟）

减压井（沟）是当堤基表层天然防渗铺盖度较小，而且又难以满足防渗要求的情况下，为防止堤基发生流土和管涌等渗透破坏在堤内设置的导渗措施。深度大于宽度（直径）的堤基导渗减压措施称为井；深度小于宽度（直径）的堤基导渗减压措施称为沟。导渗减压井一般有三种：

（1）反滤围井（沟）。在管涌口处用编织袋或麻袋装土填筑围井（沟），井（沟）内同步铺填反滤料，从而制止涌水带砂。

按反滤料又可分为：砂石反滤围井（沟），土工织物反滤围井（沟），梢料诸如柳枝、芦苇、麦秸等反滤围井（沟）。

（2）有盖过滤井（沟）。当堤内出现大面积管涌或管涌群时，采用透水性能较好的材料作为有盖过滤井（沟），以降低涌水速度。

按反滤料划分：有盖砂石过滤井（沟）、有盖梢料过滤井（沟）。

根据水位高低按盖层开启程度区分：启盖导渗过滤井（沟）、封盖导渗过滤井（沟）。

（3）蓄水反压。蓄水反压是通过抬高管涌区内的水位来减少堤内外的水头差，从而降低渗透压力，减小出逸水力坡降，达到制止管涌的目的。

蓄水反压有以下三种形式：渠道蓄水反压、坑塘蓄水反压、围井反压等。

6. 吹填盖重

吹填盖重是堤防渗流控制的一种措施,即通过疏浚工程机械将河流砂土固体介质吹吸输送至堤后一定范围(200m或400m)进行堆积压重。

7. 土工合成材料隔渗层及防渗斜墙

这里的土工合成材料主要指的是土工膜、土工织物。利用土工膜可做堤防隔渗层以建造斜墙,其施工关键技术在于拼接铺设工艺。用土工织物做堤防工程及滤层设计时,要考虑并满足滤土准则、渗透准则、梯度比准则以及畅通排水准则。

8. 锥探灌浆防渗

锥探灌浆防渗是先用钢锥在堤身钻眼,在钻眼中灌水泥浆体或其他浆材以帷幕、固结堤身、堤基,是堤防防渗的一种措施。

9. 劈裂灌浆防渗止水

劈裂灌浆防渗止水是沿堤顶轴线单排布孔,利用灌浆压力将堤身沿其走向劈开并灌浆,形成一厚度为 10cm 左右的防渗帷幕。

10. 垂直防渗墙

堤防垂直防渗墙又称为截渗墙,是一种薄型的地下连续墙。堤防工程以垂直防渗为代表,可按墙体材料、墙体结构形式和墙体厚度三方面划分,见图 5-13。

二、水平防渗施工

1. 迎水面黏土铺盖

在黏土土源充足的地方采用黏土水平及斜向铺筑延长渗径。

施工工艺:在枯水期排干基底,清理草根、树皮等杂质,与坡脚截水槽和堤身防渗体协同铺筑,尽量减少接缝,分层厚度以 15~20cm 为宜,上下层接缝错开,层间应刨毛洒水。分段、分片施工,分段作业面最小长度不应小于 100m,人工施工时段长可适当减短,作业面应分层统一铺土,统一碾压,配备人员或平土机具参与作业,严禁出现界沟。

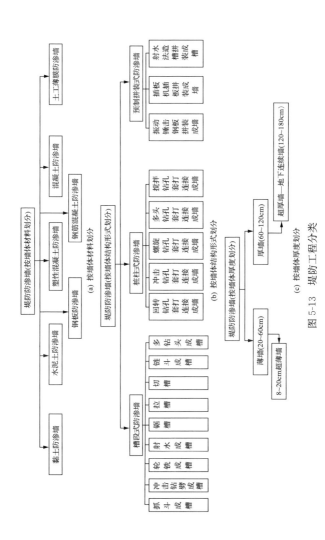

图 5-13　堤防工程分类

2. 迎水面土工膜防渗施工

（1）土工膜选型应满足防渗和强度要求，斜铺时，土工膜与保护层与垫层间应满足抗滑稳定要求，并满足防老化要求，确保土工膜在正常使用的情况下不致老化过快。基于以上原因，斜坡防渗和水平防渗的土工膜宜采用复合土工膜。

（2）土工膜的施工：

1）铺设前的准备工作。检查土工膜的质量是否符合要求，铺设前平整场地，清理杂物，保证铺设在无穿刺物上。采用胶接法黏合或热元件法焊接，胶接法搭接宽度为 5～6cm，机接法叠合宽度 10～15cm。膜外非织造物采用手提缝合机缝合，接面两边缝合。

2）土工膜铺设采用纵向铺设，自下游侧依次向上游侧平展铺设，并尽量减少接缝量，铺放定位后，为防止阳光紫外线照射和风吹掀起，要及时固定，并加以覆盖；土工膜到位后，检查接缝有无漏接、破损、褶皱、拼接不均匀等。发现破孔要及时黏补，黏补范围应超出破孔边缘 10～20cm。

3）保护层回填。应及时回填保护层，注意回填分层，控制层厚 15～20cm，保证干密度满足设计要求；施工时严禁穿带钉鞋作业，土工膜不得受损。

三、垂直防渗施工

堤防垂直防渗是渗流控制处理的一部分，应尽可能符合前堵后排，以及堤身和堤基渗流控制措施统一考虑的原则，并与渗流控制方案结合在一起，经技术经济比较后确定。堤防的垂直防渗工程，按防渗体形式可分为置换式、半置换式和非置换式；根据形成防渗体的材料可分为混凝土、水泥土、塑料薄膜及其他化工产品、充填注浆、钢板桩等防渗体。各类堤防垂直防渗工程技术特性见表 5-1。

1. 超薄型防渗墙（板桩灌注墙）

（1）原理。利用液压振动锤将 H 型钢（宽 0.86～1.0m）垂直振入到设计深度，然后提拔 H 型钢，同时注入水泥浆，形成一个槽段后，将履带式造墙机移到下一个槽段，将 H 型钢一边顺着前一个槽段翼缘部分振入后再灌注，形成槽与槽

表5-1

各类堤防垂直防渗工程技术特性

类别	施工方法	适用范围	材料	防渗体技术经济特性				
				厚度/m	深度/m	抗压强度/MPa	渗透系数/(cm/s)	施工工效/(m²/d)
置换式	超薄防渗墙(板桩灌注墙)	各种土层和粉细砂层	水泥砂浆或水泥浆	0.075~0.15	36	2~10	A×10⁻⁷	1000
	振动沉模防渗板墙	各种土层和直径小于5cm的砂卵石层	砂浆或混凝土	0.14~0.22	20	10	A×10⁻⁷	300
	振动切槽成墙	各类土质和砂层	水泥砂浆	0.1~0.3	27	1~10	A×10⁻⁷	100~600
	抓斗开槽成墙	各种土层和砂卵石层卵石直径小于0.25m	混凝土	0.3	50	10	A×10⁻⁷	80~100
	液压锯槽成墙	各种土层、砂层粒径小于槽宽	混凝土(或土工膜)	0.2~0.4 (0.0005)	45	10	A×10⁻⁶~A×10⁻⁷(A×10⁻¹⁰)	200~400
	链斗挖槽成墙	各种土层、砂卵石层、可以入岩	混凝土(或土工膜)	0.2~0.4 (0.0005)	20	10	A×10⁻⁶~A×10⁻⁷(A×10⁻⁷)	100
	冲切造槽成墙	各种土层、砂粒层、直径小于10cm的卵石层	混凝土	0.2~0.4	36	10	A×10⁻⁷	50~80
	射水造槽成墙	各种土层、砂粒层、直径小于10cm的卵砾石层	混凝土	0.22~0.45	30	10	A×10⁻⁶~A×10⁻⁷	70~80
	垂直铺塑	各种土层,砂层,粒径小于槽宽的卵砾石层	回填土(或土工膜)	(0.15~0.3) 0.0003~0.0005	16		A×10⁻⁷	400~500

类别	施工方法	适用范围	防渗体技术经济特性					施工工效/(m²/d)
			材料	厚度/m	深度/m	抗压强度/MPa	渗透系数/(cm/s)	
半置换式	高喷灌浆	各类土层和砂卵石层		0.2~2.5	30	1~5	$A \times 10^{-6} \sim A \times 10^{-7}$	50~150
	振孔高喷灌浆	各类土层和砂卵石层，卵石直径小于10cm			18		$A \times 10^{-6} \sim A \times 10^{-7}$	200~250
	多头小直径深层搅拌法	各类土层和砂层砾石粒径<0.5cm	水泥土	0.2~0.45	25	0.3~1.5	$A \times 10^{-6}$	200~250
	TRD工法	各类土层，砂层和砂卵石粒径小于5cm		0.4~0.8	50		$A \times 10^{-7} \sim A \times 10^{-8}$	400~500
非置换式	充填注浆	各类地层	水泥或化学浆液	根据工程需要			$A \times 10^{-6}$	

之间的切接,保证连续墙的整体性。

(2)机械设备。超薄型防渗墙施工机械设备主要由成槽注浆系统、制浆输浆系统、自动控制系统组成。成槽注浆系统主要包括带有垂直钻架的底盘、钻架上装设的重型液压振动锤、自动控制系统设在主机驾驶舱内,钻架上装备了测斜仪和孔深记录仪,能确保钻架在整个施工中的垂直位置。

(3)浆液材料及配合比。①超薄防渗墙的浆液材料主要由水泥、石粉、膨润土搅拌而成,浆液密度$\geq 1.5 \text{g/cm}^3$。②浆液参考配合比每立方米浆液为:水715kg,膨润土60kg,水泥120kg,石粉600kg。

2. 振动沉模防渗板墙

(1)施工原理。利用打桩机架吊振锤将空腹模板沉入地下,灌入砂浆或混凝土,提起模板便能形成单块混凝土板,单块板相互连接即形成混凝土板墙帷幕。

振动沉模具有造槽作用、模板作用、导向作用和振捣作用,保证了板墙连接紧密,成为造槽、护壁、浇筑一次性直接成墙。为保证防渗墙的接头连续,采用两块模板连续交替施工工艺,将先已沉入地层的模板作为后沉入模板的导向,避免了墙间接缝,保证了板墙的紧密、连续、完整。

(2)施工设备。振动沉模板墙施工设备主要由沉模系统、灌注系统两部分组成。其性能见表5-2。

表5-2　　　　　　振动沉模主要设备性能

名称		规格型号	功率/kW	数量
沉模系统	步履式桩机	DJB25	44	1
	振锤	DZ90A	90	1
	液压夹头	DZ90		1
	空腹模板	$0.11 \times 0.656 \times 20$		2
灌注系统	搅拌机	YS-340	5.5×2	2
	注浆泵	4 SNS	15×2	2

(3)工艺参数。振动沉模板墙施工工艺参数见表5-3。

表 5-3 振动沉模板墙施工工艺参数

名称		单位	工艺参数值
振锤	激振力	kN	570
	振频	次/min	1050
模板	宽度	m	0.656
	厚度	cm	11
	提速	m/min	1～2
注浆泵	压力	MPa	4
	流量	L/min	140～200
搅拌机	制浆量	L/min	200

3. 抓斗开槽成墙

(1) 施工材料与设备。

1) 施工材料。抓斗开槽成墙所使用的材料主要有两大类：护壁泥浆材料和墙体材料。

①护壁泥浆材料。泥浆由土料、水与掺和物组成。拌制泥浆使用膨润土，细度应为 200～250，膨润率 5～10 倍，使用前应取样进行泥浆配合比试验。如采取黏土制浆时，应进行物理、化学分析和矿物鉴定，其黏粒含量应大于 50%，塑性指数大于 20，含砂率小于 5%，二氧化硅与三氧化铝含量的比值宜为 3～4。掺和物有分散剂、增黏剂（CMC）等。外加剂的选择和配方需经试验确定，制备泥浆用水应不含杂质，pH 值为 7～9。

泥浆应具有一定的造膜性、理化稳定性、流动性和适当的密度。护壁的泥浆种类通常有膨润土泥浆、聚合物泥浆、CMC 泥浆和盐水泥浆等。目前，工程中大量使用的是膨润土泥浆，其主要成分是膨润土、水和外加剂。

②墙体材料。因工程性质和设计要求不同，墙体材料也会相应地有所不同。如果是通常意义上的钢筋混凝土地下连续墙，所用材料有制作钢筋笼的钢筋与混凝土拌和料。对堤防工程而言，一般用抓斗法造的都是塑性混凝土防渗墙，墙体材料就只是塑性混凝土拌和料。

对塑性混凝土防渗墙、混凝土/钢筋混凝土刚性的地下连续墙，均存在着一个对其各自的基本材料的要求，主要有以下几个方面。

水泥。用 32.5 号或 42.5 号普通硅酸盐水泥或矿渣硅酸盐水泥，要求新鲜无结块。

砂。宜用粒度良好的中、粗砂，含泥率小于 5%。

黏土（或膨润土）。黏粒含量在 50% 以上，塑性指数应大于 20，含砂率不大于 5%。

外加剂。可根据需要掺加减水剂、缓凝剂等外加剂，掺入量应通过试验确定。

钢筋。按设计要求选用，应有出厂质量证明书或试验报告单，并应取试样做机械性能试验，合格后方可使用。

石子。宜采用卵石，如使用碎石，应适当增加水泥用量及砂率，以保证坍落度及和易性要求。其最大粒径不应大于导管内径的 1/6 和钢筋最小间距的 1/4，且不大于 40mm。含泥率小于 2%。

塑性混凝土的掺和料有水泥、黏土、砂、砾石、水和外加剂。表 5-4 是典型的塑性混凝土设计配合比。

表 5-4　　　　　　塑性混凝土典型设计配合比

材料	水泥	黏土	砂	砾石	水	外加剂（WG 普通减水剂）
用量/kg	160	130	813	750	258	0.48
配比	1	0.8	5.1	4.7	1.6	0.003

2）设备。抓斗法成墙造槽施工设备包括：①抓斗式成槽机；②塑性混凝土/混凝土/钢筋混凝土浇筑机具（含搅拌机）、各种混凝土运送管道、泵（站）等；③制浆机具（含泥浆搅拌机、泥浆泵、空压机、水泵、软轴搅拌器、旋流器、振动筛、泥浆比重秤、漏斗黏度计、秒表、量筒或量杯、失水量仪、静切力计、含砂量测定器、pH 试纸等）；④槽段接头仪器（含金属接头管、履带或轮胎式起重机、顶升架或振动拔管机等）；⑤其他相关机具设备，包括钢筋对焊机、钢筋弯曲机、切断机、交

（直）流电焊机、大小平锹、各种扳手等。

　　常用施工设备为液压抓斗机、混凝土搅拌机、泥浆搅拌机、50t履带式液压起重机等。

　　（2）施工方法与工艺。抓斗法地下连续墙的施工过程是：先构筑导墙，抓斗沿导墙壁挖土，在挖槽的同时泥浆护壁，成槽结束后清孔，最后放入钢筋笼进行水下混凝土浇筑。抓斗法的工艺流程见图5-14。

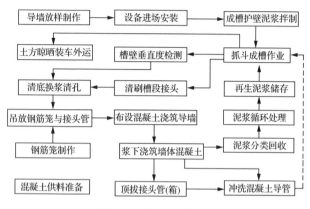

图5-14　抓斗法工艺流程

　　抓斗法的施工工艺有如下特征：适用于所有黏性和非黏性土层，对含卵石、砂砾石的土层，更能显示其快速挖掘成槽的工效；斗头的张合度可以自由调节，斗厚可以根据需要选择尺寸，因而适用于任何形式的套接墙和平接墙；既可以独立成墙，又可以与重锤、冲击钻、回转工程钻机等机械配合使用成墙。

　　1）导墙的形式与施工。

　　①导墙的施工测量。导墙的强度必须得到保证，避免在设备施工过程中产生的动、静荷载下发生变形和开裂。导墙施工测量一般采用导线测量法，按照防渗墙的理论中心线放出控制桩位，并在地面上埋设稳定牢固的桩位标记。测量控制点放好后，应在导墙沟的两侧设置可以复原的导墙中心线

标桩,以便能随时检查导墙中心线。导墙的施工测量要保证墙的顶面标高、垂直度、内净宽、中心线等偏差符合要求。

②导墙土挖掘及垫层的浇筑。导墙挖筑宜采用机械和人工相结合的方法,挖掘过程中严格控制好挖掘的深度和宽度,严禁扰动基础原土。

③导墙的钢筋绑扎、模板支设及混凝土浇筑。导墙一般采用现浇钢筋混凝土结构,也有钢制的或预制钢筋混凝土的装配式结构。

2)泥浆护壁。泥浆的配置:配置泥浆时应首先根据地质条件确定泥浆的黏度,根据选定的指标确定配合比。应以最容易坍塌的土层为主确定泥浆的配合比。CMC 比较难溶解,故应先配置 CMC 溶液静置 5h 备用。

泥浆的配置过程是:按配合比在搅拌筒内加水,加膨润土,搅拌 3min 后再加入 CMC 溶液。搅拌 10min 再加入纯碱,搅拌均匀后,放入储浆池内,待 24min 后,膨润土颗粒充分水化膨胀,即可泵入循环池内,以备使用。

泥浆配置完成后应检测各项指标是否符合规范要求。具体要求及检验方法见表 5-5。

表 5-5 泥浆性能指标及检测方法

项目		性能指标	检测方法
重度/(g/cm³)		1.05～1.25	泥浆比重秤
黏度/s		18～25	500/700 漏斗法
含砂率		<4%	洗砂瓶
胶体率		>98%	量杯法
失水量/(30min)mL		<30	失水仪
泥皮厚度/mm		1～3	
静切力/(mg/cm³)	1min	20～30	静切力计
	10min	50～100	
稳定性/(g/cm³)		<0.02	
pH 值		7～9	pH 试纸

3）槽段开挖。

①槽段长度的确定。单元施工槽段的几何形状和尺寸关系到槽壁的稳定性，要根据地质情况、周边受力情况及地理环境、泥浆情况以及吊机起吊能力等因素合理选择槽段的几何尺寸大小。槽段长度的选择，不能小于钻机长度，越长越好，可以减少地下墙的接头数，以提高地下连续墙防水性能和整体性。一般考虑以下因素：a. 地质情况的好坏：地层很不稳定时，为防止沟槽壁面坍塌，应减少槽段长度，以缩短造孔时间；b. 周围环境：如果近旁有高大建筑物或较大的地面荷载，为确保槽沟的稳定，应缩减槽段长度，以减少槽壁暴露时间；c. 工地具备的起重机能力：根据工地所具备的起重机能力是否方便地起吊钢筋笼等重物决定槽段长度；d. 单位时间内供应混凝土的能力：通常可以规定每槽段长度内的全部混凝土需在 4h 内灌注完毕；e. 工地所具备的稳定液槽容积：稳定液槽的容积一般应是每一槽段容积的 2 倍；f. 工地占用的场地面积以及能够连续作业的时间：为缩短每道工序的施工时间，应减小槽段的长度。最大槽段长度一般不超过 10m，从我国的施工经验来看，一般 6～8m 比较适合。

②槽段平面形状和接头位置。作为深基坑的维护结构或地下构筑物外墙的地下连续墙，一般多为纵向连续一字形。

③槽段开挖。a. 机械就位。为保证成槽质量，抓斗在就位并开始挖槽前必须检查仪表是否正常、液压抓斗的纠偏推板是否能工作、液压系统是否有渗漏等。b. 垂直度控制。开始成槽的 6～7m 的偏斜情况对整个槽孔的总的垂直度精度影响很大，因此，挖掘速度不宜太快。在整个挖槽的过程中都要进行纠偏，使垂直度保持在要求的精度范围内，如发生较大偏斜，则要矫枉过正，即显示精度恢复到零位以后，还要反向纠挖一定深度，然后在精度范围内继续开挖。c. 扫孔。整个槽段挖到底后，必须进行扫孔。方法是：顺序从槽段一端向另一端铲挖，抓深控制在同一设计标高，每次移动 50m

左右。槽底的沉渣量对将来墙体的沉降有很大的影响,因此必须认真扫孔。d. 清孔换浆。一般采用空气提升器或反循环泵进行清孔换浆。清孔管的管底一般控制在离槽底 10~20cm,并要更换几次位置(间隔 100~150cm)。清孔换浆的时间以出口浆指标符合要求为准。

4) 槽段接头技术。墙体接头技术水平直接制约和影响墙体的质量。地下连续墙需要分段施工,因而存在很多接头。对接头的要求:不能妨碍下一单元槽段的挖掘;能传递单元槽段之间的应力,起到伸缩接头的作用;混凝土不得从接头下端流向背面,也不得从接头构造物与槽壁之间流向背面,在接头表面不应黏附沉渣或变质泥浆的胶凝物,以免造成强度降低或漏水;能够承受混凝土的侧向压力,不变形;应采用无弯曲、容易进行垂直连接的方式;管(板)轻型化。

常见的接头技术有:常规接头法、双反弧桩柱法、接头管(板)法、接头箱法、桩柱平接法、工字型钢板接头、组合钢模接头、向槽法平板式接头、体积替代法接头等。

5) 接头管吊放。成槽、清底、换浆等工序完成后,若是采用接头管技术处理槽段接头,则要将接头管吊入指定位置的槽内,并使接头管底部插入槽底土体 0.1~0.3m,将接头管上端固定。待钢筋笼就位后,再开始混凝土浇筑。在接头管非浇筑一侧应回填开挖间隙并充实槽土,避免接头管两侧混凝土面和回填土高差产生的压差使接头管位移,造成接头管无法起拔和下幅连续墙无法成槽。

6) 钢筋笼的制作与吊安。

①钢筋笼的制作。根据地下连续墙墙体配筋和单元槽段的划分来制作钢筋笼,按单元槽段做成整体。若地下连续墙很深,或受起吊设备能力的限制,需分段制作,在吊放时再连接,则接头宜用绑条焊接。

钢筋笼端部与接头管或混凝土接头面间应有 150~200mm 的空隙。主筋保护层厚度为 70~80mm,保护层垫块厚 50mm,一般用薄钢板制作垫块,焊于钢筋笼上。制作钢筋笼时要预先确定浇筑混凝土用导管的位置,由于这部分空间要求上下贯通,周围需增设箍筋和连接筋的加固。为避免横向钢筋阻碍导管插入,纵向主筋放在内侧,横向钢筋放在外侧。纵向钢筋的底端距离槽底面 100～200mm。纵向钢筋底端应稍向内弯折,防止吊放钢筋笼时擦伤槽壁。

为保证钢筋笼吊放的刚度,采用纵向桁架架筋方式,即根据钢筋笼重量、尺寸、起吊方式和吊点布置,在钢筋笼内布置一定数量的纵向桁架。钢筋连接除四周两道钢筋的交点全部点焊,其余的可采用 50%交叉点焊。

钢筋笼加工场地尽量设置在工地现场,以便于运输,减少钢筋笼在运输中的变形或损坏。

②钢筋笼的吊放。钢筋笼的起吊、运输和吊放应制定周密的施工方案,不允许产生不能恢复的变形。钢筋笼的起吊应用横吊梁或吊梁。吊点的布置和起吊方式要防止起吊时引起钢筋笼变形。起吊时不能使钢筋笼下端在地面拖引,造成下端钢筋弯曲变形,同时防止钢筋笼在空中摆动。

插入钢筋笼时,要使钢筋笼对准单元槽段的中心,垂直而又准确地插入槽内。钢筋笼进入槽内时,吊点中心必须对准槽段中心,徐徐下降,不要因起重臂摆动或其他影响而使钢筋笼产生横向摆动,造成横壁坍塌。

钢筋笼插入槽内后,检查顶端高度是否符合设计要求,然后将其搁置在导墙上。如钢筋笼是分段制作,吊放时需连接,下段钢筋笼要垂直悬挂在导墙上,将上段钢筋笼垂直吊起,上下两段钢筋笼呈直线连接。如果钢筋笼不能顺利插入槽内,应重新吊出,查明原因。

7)水下混凝土浇筑。

①浇筑混凝土前的清底工作。清底的方法有沉淀法和置换法两种。沉淀法是在土渣基本都沉淀到槽底后再清底;置换法是在挖槽结束后,对槽底进行认真清理,在土渣还没有沉淀之前用新泥浆把槽内的泥浆置换出来,使槽内泥浆的重度在 1.15g/cm³ 以下。清除沉渣常用的方法有:砂石吸力

泵排泥法、压缩空气升液排泥法、带搅动翼的潜水泥浆泵排泥法、抓斗直接排泥法。

②水下混凝土浇筑。地下连续墙混凝土是用导管在泥浆中浇筑的。导管的数量与槽段长度有关,槽段长度小于4m时,可使用1根导管;大于4m时,应使用2根或2根以上导管。导管内径约为粗骨料粒径的8倍,不得小于粗骨料粒径的4倍。导管间距根据导管的直径决定,使用150mm导管时,间距为2m;使用200mm导管时,间距为3m。导管应尽量接近接头。

在混凝土浇筑过程中,导管下口插入混凝土的深度应控制在2~4m,不宜过深或过浅。导管埋入混凝土深度不得小于1.5m,也不宜大于6m。

施工过程中,混凝土要连续浇筑,不能长时间中断。一般允许中断5~10min,最长20~30min,以保持混凝土的均匀性。混凝土搅拌好后,以1.5h内浇筑完毕为原则。夏天因为混凝土凝结较快,必须在搅拌好之后1h内浇筑完,否则应掺入适当的缓凝剂。

混凝土的浇筑分为以下3个阶段:

a. 开浇阶段:本阶段采用满管法,即导管内先放入隔离球,然后通过溜槽使混凝土流入导管内,混凝土压着隔离球下沉到槽底,使混凝土和泥浆隔离开来。待导管内充满混凝土后,上提导管20~25cm,使隔离球脱离导管底部,导管内混凝土流入槽孔埋住导管底口。此阶段要求保证混凝土的供应强度,以防止埋不住导管口,造成导管内进浆、混浆。

b. 正常浇筑阶段:本阶段必须保证混凝土的连续供应。同时要保证混凝土的和易性,以防止管堵事故的发生。此外,也要保证混凝土的供应强度,确保混凝土面上升速度大于2m/h。要按规范要求量测混凝土面,确保混凝土面均匀上升。

c. 终浇阶段:在混凝土快浇筑到槽段顶面时,由于导管内外压力差减小,而孔内泥浆比重与含砂量增大,混凝土不能正常扩散,这时要求混凝土供应强度略微降低。必要时用水管向槽内冲水以降低槽内泥浆比重,减小导管内压力。

4. 液压开槽机连续槽成墙

(1)技术原理。采用液压驱动油缸,带动上下往复锯切的刀具,沿墙体轴线全断面切削剥离末端,形成一个通长连续规则的长形槽孔;在连续的槽孔内,使用柔性隔离体将槽孔分离为继续开槽段和混凝土浇筑段,开槽机在前连续进行开槽作业,后面进行隔离浇筑成墙的循环流水作业方式,最后形成连续的地下混凝土连续墙。在连续的槽孔内,使用专用机具,也可将土工合成材料连续地铺设于槽孔内,经土料回填,可形成垂直铺塑防渗帷幕。

(2)机械设备。主要设备为 YK 系列液压开槽机,由底盘、液压系统、工作装置、排渣系统、起重设施和电气系统等组成。

5. 冲切造槽成墙

(1)施工主要设备。冲切成槽的主要机械设施为冲击钻机。冲程可人工调节。对于不同地层可采用不同冲击行程和冲击频率,软基采用小冲程,砂卵石层、岩基采用大冲程。

冲切钻头为扁钻头,底宽 2.2m,高 1.6m,厚度根据墙厚而定。由于钻头底部两侧镶焊有钢轨爪齿,断面积小,破碎土石的压强大,冲击成孔效率高。

泥浆循环系统设备有用于正循环的泥浆泵和用于气举反循环的空压机、混凝土拌合系统和导管等。

(2)施工工艺。

1)修筑导墙。由于冲切钻头重,开钻容易碰撞孔壁造成孔壁坍塌,为了保护槽口和控制槽孔的垂直度,在冲切成槽前必须浇筑混凝土导墙。导墙间槽宽 30～40cm,槽口两侧混凝土厚 30～50cm,深 80～100cm,墙体混凝土强度等级为C15。

2)打引导井。在每个槽孔主孔冲击之前,在主孔的一端用地质钻机先打引导孔,井径 30～40cm,井深大于设计槽深

20cm,安设气举反循环装置,给主孔的冲切提供临空面。一方面便于冲切,同时也便于将劈打进引导井内的泥渣及时排出,以提高冲切速度。

3) 冲切成槽。每个区段分为若干槽孔,槽孔分 2 道工序施工,槽孔长度依据钻头宽度而定,一般为 6.0～7.0m。槽孔造孔施工时,先施工主孔后施工副孔。

冲切成槽对泥浆的循环要求很高。施工时,除了安装正循环系统,在槽孔内还安设气举反循环装置定时抽吸。气举反循环采用 2.6m³/min 的空压机供风,出浆管径大,便于粗颗粒的排出,可以提高冲切速度。

4) 成槽过程中如偏纠偏。冲切成槽过程中如遇孤石或钻头冲击不水平的岩面,都容易发生偏斜。对于孤石的钻进,可采取小冲程为主,大冲程为辅;对于不水平的岩面钻进,可先用小冲程,再用大冲程。另外遇岩层时,也可先用地质钻机钻导孔,一方面可以提高钻进速度,另一方面也可避免偏斜发生。

当偏斜发生后必须及时采取纠偏措施,采用的方法是向偏斜槽内投碎石,至未偏斜部位,然后重新钻进,这种方法既简便易行,又能达到纠偏的效果。

5) 塑性混凝土浇筑。槽孔形成并清孔彻底后,浇筑塑性混凝土。混凝土采用 0.5m³ 强制式搅拌机拌和,采用 HB60 型混凝土输送泵输送至集料斗。

混凝土浇筑采用直升导管法,进行泥浆下混凝土浇筑。每个槽孔同时下 2 套导管浇筑。接头管采用合适的直径套管,钢管外壁必须保证光滑,在下接头管前表面刷脱模剂。浇筑混凝土结束后,待混凝土初凝,转动接头管,混凝土终凝后及时用液压拔管机拔出接头管。一、二期槽孔形成半圆形搭接形式,保证了防渗墙接头的止水效果。由于塑性混凝土的强度不高,所以也可不埋接头管,直接采用钻凿法进行防渗墙接头的施工。

6. 射水造槽成墙

(1) 施工设备和材料。射水法造墙施工设备配套表和施工机械性能及参数表分别见表5-6、表5-7。

表5-6　射水法造塑性混凝土防渗墙机械设备配套表

序号	名称	规格	配套数量	备注
1	射水法造墙机	第三代	1台	成槽系统
2	成型器	1.98×1.5×0.3	1个	
3	铁轨	50型	200m	
4	枕木	200×200×1000	300根	
5	射水法浇筑机	第三代	1台	成墙系统
6	射水法搅拌机	JZS350	1台	
7	泥浆泵	3kW	1台	泥浆循环系统
8	清水泵	3kW	3台	
9	离心泵		1台	
10	发电机组	200kW	1台	动力系统
11		150kW	1台	

表5-7　射水法建槽成墙施工机械性能及技术参数

射水机型号 性能指标/(单位)	CSF-30型	SQ-30型	CSF-40型
灰渣泵流量/(m³/h)	4PH60型 180～288	180	180
砂石泵流量/(m³/h)	6BS型 180	180	180
成型器质量/t	1.1～1.7		
冲击行程/m	1.5		
冲击频率/(次/min)	10～30	10～30	10～30
主卷扬提升力/t	JKZ5型 5	5	
副卷扬提升力/t	JK0.5型 0.5	0.5	
电动葫芦提升力/t	CD₁3-6型 3	3	
拌和及浇筑能力/(m³/h)	JZM350型 8～12	8～12	

射水机型号 性能指标/(单位)	CSF-30 型	SQ-30 型	CSF-40 型
整机功率/kW	165	180	
整机质量/t	16		
整机尺寸/m	13.5×4.2×7.5		
造墙厚度/cm	18~45	18~45	18~45
造墙深度/m	30	30	40
造墙精度（垂直墙）	<1/300	<1/300	<1/300
平均成墙工效/ ［m²/(台·班)］	100~120	100~120	120
墙体抗压强度/MPa	10~30	10~30	10~30
墙体弹性模量/MPa	>300	>300	>300
墙体抗渗能力/(cm/s)	<10^{-7}	<10^{-7}	<10^{-7}
墙体允许渗透比降	>60	>60	>60

（2）施工流程和工艺。射水法造墙的主要施工机械是射水法造墙机，其主要由造孔机、水下混凝土浇筑机和混凝土搅拌机组成。造孔机和混凝土浇筑机分别安装在各自的机架上，各机架和搅拌机同时设置在特制的轨道上。

1）射水法造墙工艺流程见图 5-15。

射水法造墙机工作时，利用水泵和成型器中的射水喷嘴形成高速泥浆水流切割破坏土层结构，水土混合回流、泥浆溢出地面（正循环）或者用砂砾泵抽吸出孔槽（反循环），同时利用卷扬机带动成型器上下往返运动，进一步破坏土层，由成型器下沿刀具切割修整孔壁形成具有一定规格尺寸的槽孔，并由一定浓度的泥浆固壁。溢出或抽吸出的土、砂、卵石等与泥浆混合一起流入沉淀池，土、砂、卵石沉淀，泥浆水循环使用。槽孔成型后，移走造孔机，让位于水下混凝土浇筑机采用导管法浇筑成混凝土或钢筋混凝土单槽板，并在施工中采用平接技术建成地下连续墙体。混凝土单槽板宽度2.04m 或 1.54m，厚度可依设计要求在 22~45cm 之间调节。

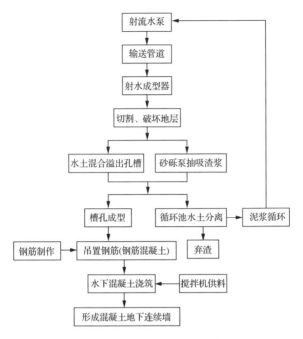

图 5-15 射水法造墙工艺流程

2) 施工工艺流程。射水法造墙机的三代机型中,现广泛使用的为二代机和三代机。二代机适用于砂质、淤泥质、土质及粒径在 8mm 以下的松软地层;三代机增加了砂砾泵,适用地质范围扩展到粒径在 100mm 以内的砂砾石地层。

①造孔准备。造孔前清理轨道基础并夯实,在保证施工地面不产生过度或不均匀沉陷时铺设轨道,并加以固定,轨枕间充填渣碎石或夯黏土,用水准仪检测两轨道高差,使误差控制在规范允许范围内。整体放样轨道铺设到位后组装造墙机,并确保各个部件的螺栓连接牢固。轴线对位采用在钢轨上定位、放样、对中、机台找平,确保精确度。同时在轨道旁挖好蓄水池和循环池,水、电要到位且充足。

②造孔。造孔施工工艺见图 5-16。

造孔主要依靠造孔机完成,需 2 人操作,3～5 人清砂、装

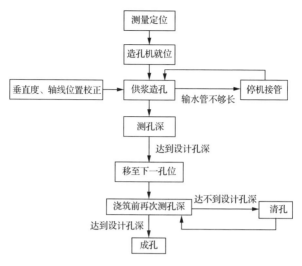

图 5-16　造孔施工工艺

卸管等。造孔采用双序法施工,先造孔 1 号、3 号、5 号等,建成单序号混凝土槽板,经过 2~3d 孔中混凝土初凝后,再造 2 号、4 号、6 号等,进行单序号槽孔施工时成型器的侧向高压喷嘴关闭,而施工双序号槽孔时打开,由成型器的侧向小喷嘴不断冲洗单序号混凝土槽板(相连接的)侧面,形成两侧冲洗干净的混凝土面槽孔。

造孔时保持射流工作压力,一般在 0.4~0.6MPa。泥浆的浓度根据地质条件进行调整(适当添加膨润土),并严格保证槽孔泥浆水位,同时控制水流流速在 0.2m/s 以下,从而达到良好的固壁效果。

从成型器的下水管长度可大致掌握进尺深度,接近设计墙底高程时用皮尺测量造孔深度,下导管进行混凝土浇筑前还需再用皮尺测量一次实际孔深,达到设计要求后方可停止造孔。若两次测量结果相差较大(在 20cm 以上),有可能会发生塌孔,需由造孔机进行清洗。

3)混凝土浇筑。混凝土浇筑施工工艺见图 5-17。

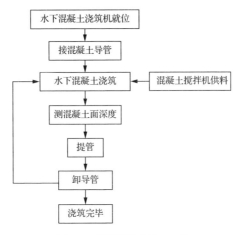

图 5-17　混凝土浇筑施工工艺

进行混凝土浇筑,主要设备有浇筑机、混凝土搅拌机、混凝土运输车和双胶轮车。混凝土入孔坍落度为 $18\sim22$cm,扩散度为 $34\sim40$cm,初凝时间不小于 6h,终凝时间不宜大于12h。

水下混凝土浇筑采用导管法,导管直径 $15\sim20$cm。开始浇筑混凝土,导管需有一段埋在混凝土中,埋深应保持在 $1\sim3$m,不得小于 0.5m,禁止悬管浇筑,以防成墙后出现薄弱层;再浇筑时测一次孔中混凝土面深度,以此掌握埋管深度,拆管时不得让混凝土导管离开混凝土面。导管随浇灌提升,混凝土面上升速度不小于 2m/h,控制上升速度要避免提升过快造成混凝土脱空现象,或提升过晚造成埋管事故。拆管时间一般不超过 15min,中途不得停工,要一气呵成,直至浇筑完毕,卸去导管。墙顶实际浇筑高度应高出设计标高0.5m 以上,以便混凝土达到一定强度后凿去多余部分,确保墙体混凝土质量。

混凝土导管的螺纹接头,一拆下来就要及时冲洗干净,否则螺纹会被混凝土粘满,不利于下次接管。每天开盘前要用清水冲洗一下,再接着下混凝土料,这对混凝土下料流畅有很大好处,同时流道上的混凝土结块应及时清除。浇筑中根据实际情况,在配合比范围内调整混凝土中粗骨料粒径及和易性,以防塞管。混凝土搅拌机上加装了一个水箱,可以在轨道上行走过程中加水搅拌混凝土,从而节约时间,提高工效。

机械手打开后应及时闭合,使其对下水管起导向作用,同时稳定成型器。若机械手未闭合而进行造孔,而成型器又处于较高位置,就可能导致井架倾倒。

4)混凝土连续墙的形成。经过整体放样后先施工单序号孔,后造双序号孔时利用成型器侧面的特殊装置将单序号混凝土槽板的侧面清洗干净,浇筑成的双序号混凝土槽板就能牢固地把单序号混凝土槽板平接成一体,形成地下混凝土连续墙。

成墙后注意外观形象,对有缺陷的地方按要求及时修补,砍墙头时确保墙顶平整并满足设计要求。

(3)施工质量控制。

1)防渗墙轴线及主机移动控制。墙体轴线在堤轴线外 $1\sim2m$ 范围,铁轨铺设应平整、均匀、牢固,宽度、表面高程应符合要求。为保证主机移位后,槽孔的孔位误差$\leqslant5mm$,施工中根据射水成型器的宽度,确定好单/双序孔的间距,根据确定好的间距,在铁轨侧面用红油漆标出"△",使三角形尖端正对成型器起止点。

2)孔斜率控制。为了保证防渗墙底部搭接厚度,施工过程中用水平尺横竖两方向检查成型器的倾斜度,用千斤顶调平,控制槽孔孔斜率$\leqslant0.3\%$。

3)造孔施工控制。双序孔侧喷嘴不得堵塞,单序孔喷嘴应关闭,泥浆应符合设计标准,即泥浆密度小于 $1.25g/cm^3$,黏度小于 $30s$,含砂量小于 10%,孔底沉渣厚度小于 $10cm$,孔深符合设计标准。

4)塑性混凝土拌和浇筑。严格按照配合比进行施工,塑性混凝土原材料经检验合格后方可使用,以确保成墙质量。材料按先后顺序进仓,充分搅拌,施工中随时检查塑性混凝土坍落度和扩散度。塑性混凝土浇筑前必须在导管内设置隔离球,并保证有足够的首浇量,同时,浇筑过程中导管埋深要保证在 1~6m 范围内。

射水法造防渗墙技术其墙厚度在 22~45cm 之间,最大墙体深度可达 34m。该法适用于密实黏土、亚黏土、淤泥、砂土及粗砂的堤基。

(4) 射水法造墙技术主要技术经济指标见表 5-8。

表 5-8   射水法造墙技术的主要技术经济指标

项目	技术经济指标
地质条件	1. 粒径小于 8mm 的砂、壤、黏土(二代机) 2. 粒径小于 100mm 的砂砾石(三代机)
垂直精度	1/300
轴线偏差	≤35mm
墙体抗渗能力	≤1.0×10^{-6}
墙体抗压强度	10~30MPa
造墙深度	≤30m
造墙厚度	220~450mm
工效	70~110m^2/(台·班)
造价	130~160 元/m^2(220mm 厚素混凝土)

7. 垂直铺塑

(1) 施工设备及建墙材料。垂直铺塑施工设备主要有往复式开槽机、牵引机、垂直铺塑机、供水系统、反循环泵等。主要建墙材料为聚乙烯土工膜,其埋入地下的使用年限可大于 60 年。聚乙烯土工膜具有良好的隔水、黏结和适应变形的性能,其渗透系数≤1×10^{-6} cm/s,是理想的水工防渗材料。聚乙烯土工膜的主要性能指标为厚度 0.3~0.5mm,幅宽 8.0m,防渗效果受堤坝或堤基影响小,抗震性能优于其他材料。

(2) 施工流程和工艺。

1) 施工流程。垂直铺塑的施工流程见图 5-18。

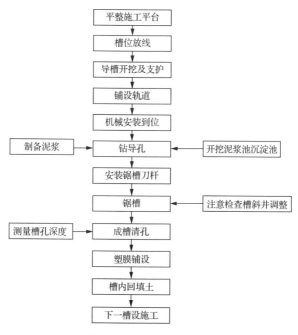

图 5-18　垂直铺塑施工流程

2) 施工方法。垂直铺塑一般布置在上游堤脚附近,垂直埋入堤基相对不透水层或垂直埋入,深度以满足防渗要求为准。

施工方法为在往复式开槽机开槽刀杆的往复运动下,刮刀不断切割土层,同时,高压水泵提供的高压水经高压水管和刀架空腔从喷嘴射出,也在不断冲击土体。土体在刮刀和高压水的共同作用下,经搅拌形成泥浆,起固壁作用并流向沟槽后方。铺塑装置位于开槽机后方,施工时把竖向固定杆插入缠有土工膜的钢管内,放于沟槽至槽底,牵引绳系在开槽机底架后部随机器前进,土工膜即可平顺铺设在槽内。沟槽由泥砂淤沉和人工回填。

土工膜拼接时,需放在宽敞平坦的地方。土工膜黏接可用 ZPR-2010 型自动爬行热合机黏结,搭接宽度不小于 10cm。

本方法适用于各类土层和粉细砂层,与其他防渗技术相比,具有防渗效果好、施工速度快、操作简便、造价低等优点。埋设深度最深达 16m。

具体的施工步骤如下:

①平整施工平台:施工平台开工前用推土机推压平坦坚实、稳定,防止不均匀沉陷和便于交通和浇筑施工。施工平台避免不利孔口稳定的雨水、废水在槽口附近形成漫流及污染槽内泥浆。

②槽位放线:根据图纸设计要求,施放墙体轴线位置,并对所放桩点加以保护。

③先导孔:为了准确掌握地层性状,确定防渗墙底线高程,嵌入相对不透水层,在防渗墙轴线上每隔 50m 钻一先导孔,孔深超过设计墙体深度 1.5m,局部地质条件变化大的地段,适当加密孔数。对先导孔钻取的芯样要进行鉴定,并描述绘出地质剖面图,以指导施工。

④导槽开挖及支护:依据槽中心线对称开挖导槽,以控制槽孔的方向和位置,支撑槽口上部两壁土体维持槽孔稳定。导槽尺寸和支护方法应根据土质情况和墙厚、施工荷载、槽孔深度等因素确定。槽宽为墙厚,深度 0.3～0.5m,泥浆护壁支护,防止槽口坍塌事故的发生。

⑤铺设轨道:用每米 43kg 的钢轨平行于防渗墙轴线对称铺设。枕木间距视地基情况而定,一般为 80cm,枕木长80cm×高 15cm×宽 20cm。两轨顶高差小于 5mm,轨距误差小于 10mm。

⑥机械安装就位:在轨道上进行组装,安装滚轮及上部机架并检查机架是否变形。

⑦导孔施工:导孔是为安放锯体先钻的钻孔,导孔尺寸根据刀排尺寸而定,可用回旋钻、射水法、潜水钻具成孔。深度大于锯体长度,一般超深 0.5～1m,以便于安装锯体。钻进应严格控制其垂直度,斜率小于 0.4%,保证刀排垂直下放。

⑧泥浆配制:泥浆用于支撑孔壁,稳定地层,悬浮、携带钻渣、冷却和润滑钻具等作用。泥浆拌制系统包括:拌浆机

械、贮浆池、泥浆输送系统,其生产能力应满足施工高峰用量。一般制备浆量相当于 1.5～2 倍槽孔体积的方量。泥浆可根据实际地质情况用膨润土或黏土配制。制浆黏土可参考下列指标:黏粒含量＞40%;塑性指数＞20;土料矿物成分中二氧化硅与三氧化二铝和三氧化二铁含量的比值以 3～4 为好。根据经验,泥浆指标一般控制在:密度 1.05～1.1g/cm³,黏度 18～30s,含砂率＜5%,胶体率≥96%,稳定性≤0.03g,两种泥浆混合使用前应进行试验,以防沉淀。含渣泥浆回收利用需先进入沉淀池沉渣(或其他净化方法),再流入泥浆池供循环重复使用。

⑨锯槽:a. 开槽施工应按锯槽机操作说明要求使用机械;b. 根据地质情况及排渣能力确定合理的开槽速度,以减少沉淀和减少清槽工作量;c. 锯槽机启动应在无负荷情况下开启,然后开锯、牵引加荷,施工中应保持槽孔内的泥浆液面相对稳定,应高于地下水位 1m 以上;d. 为保证造孔质量,施工过程中要定时测量泥浆密度(比重)、黏度、含砂量等指标,控制在允许范围内,并应注意保持槽孔内泥浆液面高度,防止塌孔;e. 槽孔的垂直度是靠机身水平控制,因刀排同机身垂直连接,槽斜主要是通过调整轨道的水平度及牵引方向进行控制;f. 遇到石块或其他障碍物时,应及时停机,探明情况,采取相应的处理措施;g. 锯槽机在停止锯进时,应每隔 1h 左右用砂石泵进行一次泥浆循环,以防泥浆口淤堵;h. 出现漏浆情况时,应立即提高拌制泥浆的比重,改善泥浆性能,同时采取有效措施堵漏。要储备一定量的膨润土、黏土和堵漏材料备用;i. 成槽深度要求进入下层黏性土层的深度不小于 1.5m,槽身的倾斜度不超过 5%。

⑩清孔:清孔时清除回落在孔底的渣料,将含有渣料的泥浆通过循环置换成合格的固壁泥浆,以保证浇筑混凝土质量。当开槽达到一定长度(一般按 15～20m 控制)即可在成槽区用清槽机(砂石泵反循环换浆)清槽。清孔应达到下列标准:桩底沉淀厚度小于 10cm,泥浆比重不大于 1.25g/cm³(膨润土浆小于 1.1g/cm³),漏斗黏度在 18～30s,含砂量小于 10%。

⑪塑膜铺设:初始成槽后将已焊接成整体的塑膜卷置入槽内,并随开槽机前行塑膜同步在槽内展开。为了保证铺塑塑深度,通过对塑膜卷上下端限位,使其在槽内行走时保持相对垂直。铺塑膜中要求塑膜底进入下层黏性土层深度不小于1m。

为了保证塑膜防渗墙的连续性,前后两卷塑膜搭接相连,搭接宽度不小于1.5m,在上一卷塑膜铺设完成之前,将下一卷塑膜置入槽内,塑膜卷要垂直放入,搭接宽度按2m考虑。

⑫槽内回填土:塑膜铺设完成后及时从膜的上游侧向槽内回填土,延迟的最长时间不超过24h,防止槽壁坍塌。槽身底部3m范围内回填黏性土,中部优先选用砂性土进行回填。回填接近槽上口时向槽内注水,使回填土自然下沉,7～10d后向槽补充回填黏性土到设计高程并夯实。

(3)施工质量控制措施。

1)施工前要检验进场的原材料。已完工的导墙检查其净尺寸、墙面平整度与垂直度。检查泥浆用的仪器、泥浆循环系统是否完好。

2)施工中检查成槽的垂直度、槽底的淤积物厚度、泥浆比重等。

3)成槽结束后对成槽的宽度、深度及倾斜度进行检验。

4)铺塑完成后对铺设的底高程和有效深度进行检查。

8. 钢板桩防渗墙

(1)施工机械及配套设备。钢板桩防渗墙技术施工的主要机械设备有振动锤及相应的起吊设备,辅助设备有土石方施工机械。

(2)施工流程和主要施工方法。

1)施工流程。钢板桩防渗墙技术施工主要工艺流程为:放线、确定施工场地,开挖平整场地,定位放线确定钢板桩线路,钢板桩运输到位,打桩机械安装到位,导轨设置,钢板桩起吊,钢板桩竖直定位与夹持,插打钢板桩,安装监测仪器,工程监测。

2）施工方法。

①钢板桩的检验与矫正。使用前需进行外观表面缺陷、长度、宽度、厚度、高度、端头矩形比、平直度和锁口形状等检验、对桩上影响打设的焊接件割除(有割孔、断面缺损应补强)。有严重锈蚀,量测断面实际厚度,予以折减。

矫正方法有:a. 表面缺陷矫正:先清洗缺陷附近表面的锈蚀和油污,然后用焊接修补方法补平,再用砂轮磨平;b. 端部矩形比矫正:用氧乙炔切割桩端,使其与轴线保持垂直,然后再用砂轮对切割面进行磨平修复。当修整量不大时,直接用砂轮进行修理;c. 桩体挠曲矫正:腹向弯曲矫正是将钢板桩弯曲段的两端固定在支承点上,用设在龙门式顶梁架上的千斤顶在钢板桩凸处进行冷弯矫正;侧向弯曲矫正指在专门的矫正平台上,将钢板桩弯曲段两端固定在矫正平台支座上,在钢板桩弯曲段侧面矫正平台上间隔一定距离设置千斤顶,用千斤顶压钢板桩凸处进行冷弯矫正;d. 桩体扭曲矫正:视扭曲情况,可采用 c 中的方法矫正;e. 桩体截面局部变形矫正:局部变形处用千斤顶顶压、大锤敲击与氧乙炔焰热烘结合方法进行矫正;f. 锁口变形矫正:用标准钢板桩作为锁口整形胎具,采用慢速卷扬机牵拉调整处理,或用氧乙炔焰热烘和大锤敲击胎具推进方法进行调直处理。

②导架安装。导架由导梁和围檩桩等组成,在平面上分单面和双面;高度上分单层和双层。导架位置不能与钢板桩相碰。围檩桩不能随钢板桩打设而下沉或变形。导梁的高度适宜,要有利于控制钢板桩的施工高度和提高工效,用经纬仪和水平仪控制导梁位置和高度。

③沉桩机械的选择。用振动锤打设钢板桩。在桩锤和钢板桩之间设桩帽,以使冲击均匀分布,保证桩顶免遭损坏。

④钢板桩打设。为保证钢板桩打设精度采用屏风式打入法。先用吊车将钢板桩吊至插桩点处进行插桩,插桩时锁口要对准,每插入一块即套上桩帽轻轻锤击。在打桩过程中,为保证垂直度,用两台经纬仪在两个方向加以控制。为防止锁口中心平面位移,在打桩进行方向的钢板桩锁口处设

卡板,阻止板桩位移。同时在围檩上预先算出每块板块的位置,以便随时检查校正。

钢板桩分几次打入,第一次由 20m 高打至 15m,第二次打至 10m,第三次打至导梁高度,待导架拆除后第四次才打至设计标高。打桩时,开始打设第一、二块钢板的打入位置和方向要确保精度,每打入 1m 测量一次。

a. 要求。钢板桩适用于埋深较浅的黏性土、砂土、淤泥土互层的软弱地基;钢板桩沉桩施工先试桩,试桩数量不小于 10 根;钢板桩放线施工,桩头就位必须正确、垂直,沉桩过程中随时检测,发现问题及时处理,沉桩容许偏差:平面位置纵向 100mm,横向为 -50~0mm,垂直度为 5。

b. 冲击沉桩。冲击沉桩根据沉桩数量和施工条件选用沉桩机械,按技术性能要求操作和施工。钢桩使用前先检查,不符合要求的应修整。钢桩上端补强板后钻设吊板装孔。钢板桩锁口内涂油,下端用易拆物塞紧,并用 2m 标准进行通过试验。工字钢桩单根沉没,钢板桩采用围檩法沉没,以保证墙面的垂直、平顺。钢板桩围檩支架的围檩桩必须垂直、围檩水平,设置位置正确、牢固可靠。围檩支架高度在地面以上不小于 5m;最下层围檩距地面不大于 50cm;围檩间净距比 2 根钢板桩组合宽度大 8~15mm。钢板桩以 10~20 根为一段。逐根插围檩后,先打入两端的定位桩,再以 2~4 根为一组,采取阶梯跃式打入各组的桩。钢板桩围檩在转角处两桩墙各 10 根桩位轴线内调整后合拢,不能闭合时,该处两桩可搭接,背后要进行防水处理。

沉桩前先将钢桩立直并固定在桩锤的桩帽卡口内,然后拉起桩锤击打工字钢桩垂直就位或钢板桩锁口插入相邻桩锁口内,先打 2~3 次空锤,再轻轻锤击使桩稳定,检查桩位和垂直度无误后,方可沉桩。沉桩过程中,随时检测桩的垂直度并校正。钢桩沉设贯入度每击 20 次不小于 10mm,否则停机检查,采取措施。沉桩过程中,发现打桩机导向架的中心线偏斜时必须及时调整。

c. 振动沉桩。振动锤振动频率大于钢桩的自振频率;振桩前,振动锤的桩夹应夹紧钢桩上端,并使振动锤与钢桩重心在同一直线上;振动锤夹紧钢桩吊起,使工字钢桩垂直就位或钢板桩锁口插入相邻桩锁口内,待桩稳定、位置正确并垂直后,再振动下沉;钢桩每下沉 1～2mm,停振检测桩的垂直度,发现偏差及时纠正;振动沉没钢板桩试桩数量不小于10根;沉桩中钢桩下沉速度突然减小应停止沉桩,并钢桩向上拔起 0.6～1.0m,然后重新快速下沉,如仍不能下沉,采取其他措施。

d. 静力压桩。压桩机压桩时,桩帽与桩身的中心线必须重合;压桩过程中随时检查桩身的垂直度,初压过程中发现桩身位移、倾斜和压入过程中桩身突然倾斜及设备达到额定压力而持续 20min 仍不能下沉时,及时采取措施。

9. 深层搅拌法成墙

(1) 水泥土搅拌桩防渗墙施工程序如图 5-19 所示。

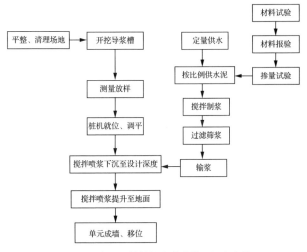

图 5-19　水泥土搅拌桩防渗墙施工程序流程

(2) 主要施工方法。

1) 平整、清理场地。根据防渗墙施工技术规范的要求,沿防渗墙施工轴线方向平整出宽 5～7m 的带状场地,清除桩位处地上、地下一切障碍(主要是大块石、树根和生活垃圾等),场地低洼时应回填黏土,不得回填杂土。

2)开挖导浆槽。沿成墙轴线开挖出宽约 0.5m、深约 0.5m 的导浆槽,将余土运到堤后临时堆土区。

3)桩机就位及其附属设备安装。结合施工现场情况进行桩机吊卸、组装、调试。

4)测量放样。根据设计资料和施工规范定的要求,定出防渗墙轴线;每隔 50m 设立一个轴线控制桩,测量其高程,标定桩号,并做好记录及维护工作。

5)浆液配制。第一搅拌系统按照已确定的水灰比配制并搅拌水泥浆。具体到每一搅拌桶用量时,按照搅拌桶容积和确定的水灰比进行水泥量计算。制浆时每桶均先放水到计算用量,然后加入所需水泥量进行搅拌,每桶正反方向搅拌不少于 2min。水泥浆液随配随用,为防止水泥浆液离析,搅拌机和料斗中的水泥浆液要不断搅动。用泥浆泵把拌制好的水泥浆输送到第二搅拌储浆罐。

6)搅拌喷浆。开动搅拌主机,使钻头底部与设计防渗墙顶在同一个高程。先开始慢速搅拌进尺,同时送浆泵送浆,钻进一定深度后改为快速钻进,搅拌下沉。深层搅拌,记录仪记录下钻深度,直至设计深度。然后提升钻头,同时喷浆搅拌直至设计防渗墙顶,深层搅拌,记录仪记录送浆量。喷浆时要保持浆压稳定、供浆连续,确保整个桩体喷浆均匀连续。关闭送浆泵,主机整体沿预定的方向移动,重复Ⅰ桩施工程序完成Ⅱ序桩。Ⅱ桩施工程序完成进入下一单元桩施工。桩机横向平移就位调平,重复上述过程,进行下一幅单元墙施工。如此连续作业,直至工程完成。

(3)施工要求。

1)按施工图纸和试验确定的水泥掺入比,提升、下降搅拌速度,水泥浆液比重等参数进行施工,确保施工质量。

2)喷浆机应设有精确的浆液计量装置,严禁没有浆液计量装置的喷浆机投入使用。

3)搅拌机操作与供浆系统要做到密切配合,并规定明确的联络信号,以保证施工有序进行。控制好下沉和提升速度,以保证桩体范围内每一深度均得到充分搅拌。施工记录由专人负责,必须及时、正确、完整,如实反映施工过程。

4）施工时应定时检查搅拌桩的桩径、成墙厚度及搅拌均匀程度,对使用的钻头应定期复核检查,其直径磨耗量不得大于 2cm。

5）必须保证主机机身施工时处于水平状态,保证导向架的垂直度,桩体垂直偏差不得超过 0.4%。

6）桩位偏差不得大于 30mm,桩间搭接长度、成墙厚度满足设计要求。

7）喷浆下沉和喷浆提升的速度必须符合施工工艺要求,应有专人记录每桩下沉或提升时间,深度记录误差不得大于50mm,时间误差不得大于 5s。水泥浆在搅拌喷浆过程中不得离析,不得停置时间过长,随喷随搅,泵送必须连续。浆液严格按批准的水灰比拌制,超过 2h 不用的浆液必须废弃。

8）在喷浆成桩过程中遇有故障而停止喷浆时,第二次喷浆接桩时,必须将搅拌头反向搭接 0.5m 后再搅拌、喷浆成桩,以防断桩和缺浆。

9）每幅间墙体的连接是水泥土防渗墙施工最关键的一道工序,在施工中严格控制桩位和垂直度,并做出标识,以保证幅间套接质量和墙体整体连续性。

10）搅拌桩施工质量允许偏差应满足表 5-9 的规定。

表 5-9　　　　　　　　　搅拌桩施工允许偏差

序号	项目	允许偏差	检查方法及说明
1	桩位偏移/mm	±30	有经纬仪检查
2	桩体垂直度	0.4%	用成墙的配套设备
3	最小桩体直径	不小于 300mm	用钢尺或其他仪器
4	桩长	不小于设计规定	喷浆前检查钻杆长度
5	桩间搭接长度、成墙厚度	不小于设计规定	用成桩的配套设备
6	桩间无侧限抗压强度	不小于 1.0MPa	桩头或桩身取样
7	墙体渗透系数/(cm/s)	$\leqslant (1 \sim 9) \times 10^{-6}$	注水试验

10. TRD工法防渗墙

（1）施工准备。

1）场地准备。施工前，必须先进行场地平整，清除施工场地围护中心线内侧15m范围内地表及地下障碍物，尤其是表层杂填土中大部分含有较多块石、砖块及混凝土块等建筑垃圾，施工前必须沿TRD工法桩机施工轴线清理干净并保证无大块石块和混凝土块，场地全部平整至自然地面－0.3m（相对标高）。施工场地路基承重荷载以能行走100t履带吊为基本。

2）水电准备。水、电源接通，综合考虑现场的协调共用；根据施工规模及设备配置情况，计算和确定工地所需的供电量，并考虑生活照明等，设置变压器及配电系统，全面设计施工供水的水源及给水管系统。

3）劳动力配备。按照工程需要合理配置每台机械劳动力，具体内容见表5-10。

表5-10　　　　　　　　劳动力配备表

序号	工种	主要工作内容	备注
1	钻机司机	钻机的操作和调试	专业上岗
2	挖掘机司机	平整场地、临时起重等	专业上岗
3	起重工	吊放作业、配合钻机定位	专业上岗
4	灰浆工	灰浆拌制和输送以及该设备系统的安装和调试	机电安装除外
5	电焊工	制作型钢及安装连接的全部工作	专业上岗
6	机电工	现场电器设备安装、维修	专业上岗
7	测量检验工	放样与施工监测、超声波测壁等	专业上岗
8	杂工	清理卫生、搬运辅助材料等	
9	管理人员	现场安全、技术、质量、材料、生活管理等方面工作	项目配置、通用

4）主要机械设备配备。根据施工总体工期要求，结合现场实际情况，配备一定数量的灰浆搅拌机、TRD-III桩机、回旋刀链锯、搅拌注系统、注浆泵、柴油空压机、挖掘机。

（2）施工工艺。TRD搅拌桩墙工法是以链锯式刀具为主要机具，在插入地基过程中链锯式刀具与主机连接，回旋刀链锯可竖向垂直或横向水平移动对地下土体进行切削，同时以水泥作为硬化剂，通过刀具在施工现场按照设计深度和护壁设计宽度将土体切割，在刀具端头喷出水泥浆硬化剂注入土体，同时注入高压空气使水泥浆与原位土体充分混合、搅拌，将原位土体固结从而在地下形成一道等厚度的连续墙。然后在水泥土硬结前按照设计间距插入H型钢作为应力加强材料，待水泥土硬结后形成一道具有一定刚度和强度的型钢水泥土复合挡土墙，或只进行止水，然后在水泥土墙内侧再施工支护桩进行侧压力的支护，基坑内侧用钢管或混凝土梁支撑，形成整体的基坑支护体系。

TRD-Ⅲ桩机组成如图5-20所示，TRD搅拌桩墙施工工艺流程如图5-21所示，搅拌桩墙成墙工艺流程如图5-22所示。

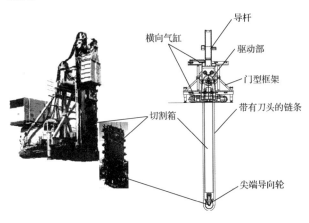

图5-20　TRD-Ⅲ桩机组成图

1）测量放样。根据坐标基点，按设计图放出桩位，并设临时控制桩，填好技术复核单，请ައุ备验收。

2）开挖沟槽，施做导向钢板。导槽起定位和导向作用，

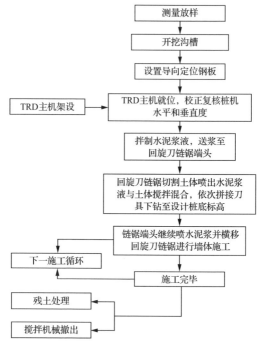

图 5-21 TRD 搅拌桩墙施工工艺流程

工法桩垂直度偏差的控制尤为关键。施工中垂直度偏差控制在 5‰以内。为确保搅拌桩及型钢能准确定位,施工时先制作导墙,再进行 TRD 桩施工。导墙沟槽开挖过程中,根据基坑围护内边控制线,采用挖掘机开挖,并清除地下障碍物,开挖沟槽余土及时处理。

3) 钻机就位与钻进。TRD 工法施工顺序自一端向另一端往复前进,每一循环前进长度为 20m,往复三次成桩,并紧跟吊放 H 型钢芯材。

钻进的施工步骤如下:

第一步:在首段开挖位置挖一个切割箱预备槽,在槽内安放一节切割箱。桩机就位后下挖至切割头完全沉入土体,

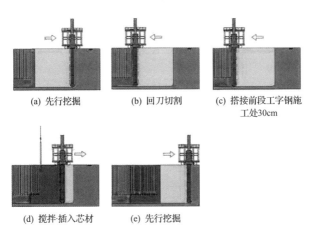

(a) 先行挖掘　　　　(b) 回刀切割　　　　(c) 搭接前段工字钢施
　　　　　　　　　　　　　　　　　　　　　工处30cm

(d) 搅拌·插入芯材　　(e) 先行挖掘

图 5-22　搅拌桩墙成墙施工流程图

注：反复操作。由第 2 个环节反复到第 5 个环节，整个过程由设备中的
　　传感和控制系统监控。

断开桩机与切割头的连接，移动切割头至预备槽位置将其中的切割箱节段与桩机相连，并提起切割箱，移动至切割头位置与其相连接。

　　第二步：继续下挖并按照上一步程序安装切割箱直至切削深度满足设计要求。下挖的过程中不断通过切割刀具端头向土体注入切削液，切削液由水、膨润土组成，比率为 3%～5%。

　　第三步：转动切割刀具，横向移动桩机切割土体，并在切割刀具端头向土体内喷切削液，先行挖掘土体。

　　第四步：先行挖掘至一个进尺距离后回刀继续切割土体，并在切割刀具端头向土体内喷切削液，回刀切割至距前一循环 H 型钢施工接头 30cm 位置。

　　第五步：搅拌成桩。再次回刀切削土体，在切削的同时注入 1∶1 水泥浆成墙，同时紧跟成墙作业插入 H 型钢。

　　4）搅拌及注浆速度。TRD 搅拌桩在横移过程中均应注入水泥浆液，并根据注浆速度匹配相应的桩机移动速度。注浆相关参数参见表 5-11、表 5-12。

表 5-11 墙厚 850mm 主要注浆参数

水灰比	\multicolumn{4}{c}{1:1}			
水泥掺量	18%			
泥浆泵档位	快Ⅰ	快Ⅱ	慢Ⅰ	慢Ⅱ
泥浆泵流量/(L/min)	600	415	280	195
桩机移动速度/(min/m)	11.9	17.3	25.9	36.8
浆量(5.5桶,每桶用水 1000L)/(min/桶)	2.2	3.15	4.65	6.7

表 5-12 墙厚 650mm 主要注浆参数

水灰比	\multicolumn{4}{c}{1:1}			
水泥掺量	18%			
泥浆泵档位	快Ⅰ	快Ⅱ	慢Ⅰ	慢Ⅱ
泥浆泵流量/(L/min)	600	415	280	195
桩机移动速度/(min/m)	19.7	28.5	42.3	60.8
浆量(5.5桶,每桶用水 1000L)/(min/桶)	2.2	3.15	4.65	6.7

5) 型钢制作与安装。搅拌桩施工完毕后立即插入 H 型钢。用吊机起吊 H 型钢,靠型钢自重插入,插入时保证 H 型钢的垂直度。型钢上涂减摩擦材料(单位面积静摩擦阻力平均为 0.04MPa)以减少阻力,保证其完整回收。型钢要平直、光滑、无弯曲、无扭曲。在孔口设定向装置。当型钢插至设计标高时,用 Φ18 钢筋将型钢固定。溢出的水泥土必须进行清理,控制至设计顶标高,进行下道工序的施工。具体操作工艺如下:

① H 型钢减摩剂施工。H 型钢的减摩,是 H 型钢插入和顶拔顺利进行的关键工序,施工中成立专业班组严格控制,减摩制作主要通过涂刷减摩剂实现:清除 H 型钢表面的污垢和铁锈;使用电热棒将减摩剂加热至完全熔化,用搅棒搅动时感觉厚薄均匀,然后涂敷于 H 型钢表面(否则减摩剂涂层不均匀容易产生剥落);下雨天型钢表面潮湿,则事先用抹布擦去型钢表面积水,再使用氧气加热或喷灯加热,待型

钢干燥后再涂刷减摩剂;H 型钢表面涂刷完减摩剂后若出现剥落现象要及时重新涂刷。

②H 型钢插入。H 型钢就位后,通过桩机定位装置控制,靠型钢自重或借助一定的外力(送桩锤)将型钢插入搅拌桩内。型钢起吊前在型钢顶端 150mm 处开一中心圆孔,孔径约 100mm,装好吊具和固定钩,根据引设的高程控制点及现场定位型钢标高选择合理的吊筋长度和焊接点,控制型钢顶定位误差小于 30mm,标高误差小于 20mm;型钢用两台吊车合品,以保证型钢在起吊过程中不变形。吊装采用两台 50T 的履带车吊先水平三点吊起 H 型钢,吊点位置和数目按正负弯矩相等的原则计算确定,在型钢离地面一定高度后,再由一台履带吊垂直起吊,另一台吊水平送吊,成竖直方向后,一次进行起吊垂直就位;在导槽上设置 H 型钢定位卡固定插入型钢的平面位置。型钢定位卡牢固、水平,将 H 型钢底部中心对准桩位中心沿定位卡徐徐垂直插入水泥土搅拌桩内,用经纬仪或线锤控制型钢插入垂直度;型钢插入过程中应随时调整型钢的水平误差和垂直误差;型钢插放达不到设计标高时,缓慢提升型钢到适当高度,然后重复下插。下插过程中始终使用经纬仪或线锤控制 H 型钢垂直度。

6)桩顶冠梁施工。清除 TRD 搅拌桩墙墙顶的余土、浮浆并将桩顶水泥土凿毛,并用清水清洗干净;按设计要求和构造要求绑扎冠梁钢筋;侧模采用定型组合钢模板,支撑体采用 50mm×100mm 方木和 ϕ48mm 钢管;穿越冠梁部分的型钢采用纸胎油毡包扎的方法,使型钢与混凝土隔离。以利型钢的拔起与回收。

7)型钢拔除与回收。当工程主体完工后,用组合拔桩机将型钢拔出,在 H 型钢回收施工前进行型钢抗拔验算与拉拔试验,以确保型钢的顺利回收。由于围护结构变形导致型钢变形,使型钢很难拔出,钢支撑应按设计要求施加预加力且各支撑受力均匀,以减小围护结构变形量,是提高 H 型钢回收率的有效手段。

①施工顺序:起拔机就位、施加油压反力→吊机就位→起吊 H 型钢→空隙灌浆。

②起拔 H 型钢施工条件:顶板浇筑完成,且混凝土强度达到设计要求;以保证 25t 汽车吊及 R200 能在施工范围进行起吊作业;清理冠梁上的泥土,直至混凝土冠梁完全暴露出来;布设电焊机及液压机电源(至少 40kW)接口;起拔 H 型钢;起拔系统主要是两台油压千斤顶,两台最大起拔力为 400t,加夹具自重约 3t,插入水泥土中 H 型钢规格为 H800mm×300mm,理论估算起拔力约为 11t/m;围护部分 4～17m 主要为粉质黏土,H 型钢起拔后,空隙应灌注水泥浆。

8)H 型钢回收后注浆。注浆管选用 Φ10mm 钢管,采用焊接将其顺水泥土壁插入桩底。注浆材料采用细砂掺加 0.5%～1.0%高效减水剂及 3%～7%膨润土,水灰比控制在 0.7,通过高效减水剂及膨润土调整水泥砂浆的流动性。注浆时采用压力不小于 1.0MPa 的注浆泵。在注浆过程中边注浆边提升,注浆管入浆液下不小于 3m,注浆采用 2 台以上注浆泵同时进行,以提高注浆效果。

(3)施工质量要求。TRD 采用 42.5 普通硅酸盐水泥,水泥掺量≥18%,28d 无侧限抗压强度要求≥1.2MPa;TRD 中 H 型钢若有接头,接头应位于开挖面以下,且相邻两根 H 型钢接头应错开 1m 以上;桩底及桩顶标高允许偏差为 +10cm、-5cm/根;桩位允许偏差为 5cm/根;桩体垂直度≤1/200;型钢垂直度≤1/200;型钢长度允许偏差±1cm/根;型钢底标高允许偏差-3cm/根;型钢平面位置允许偏差:平行于基坑方向 3cm/根,垂直于基坑方向 1cm/根;型心转角允许偏差 3°/根;钢围檩、钢支撑内的 H 型钢应有可靠的连接,钢围檩与 TRD 工法桩之间缝隙用快硬细石混凝土填实,待达到强度后才能施加支撑预应力。

(4)施工质量控制措施。

1)TRD 工法搅拌桩施工质量措施:①桩位放样误差小

于 2cm,深度误差小于+10cm,桩身垂直度按设计要求,误差不大于桩身长度的 1‰;严格控制浆液配比,做到挂牌施工,并配有专职人员负责管理浆液配置;施工前对 TRD 桩机进行维护保养,尽量减少施工过程中由于设备故障而造成的质量问题。设备由专人负责操作,上岗前必须检查设备的性能及试运转,确保设备正常施工;看桩架垂直度指示针调整装架垂直度,并用经纬仪进行校核;工程实施过程中,严禁发生定位钢板移位,一旦发现挖土机在清除沟槽土时碰撞定位钢板使其跑位,立即重新放线,严格按照设计图纸施工;场地布置综合考虑各方面因素,避免设备多次搬迁、移位,尽量保证施工的连续性;严禁使用过期水泥、受潮水泥,对每批水泥进行复试,合格后方可使用。

2) 施工冷缝处理。施工过程中一旦出现冷缝则在接缝处对已成墙(长度为 0.5m)重新切割搅拌,确保止水效果。

3) 确保基坑拐角处墙体搭接。由于基坑存在多处拐角及与原已经施工完成的地下连续墙的搭接,根据设计要求对拐角处及搭接处采各向两边外推 0.5m 以保证拐角及其他搭接,保证施工连续性和基坑止水效果。

4) 确保桩身强度和均匀性:①严格控制每桶搅拌桶的水泥用量及液面高度,用水量采取总量控制,并用比重仪随时检查水泥浆的比重;②土体应充分搅拌切割,使原状土充分破碎,有利于水泥浆与土均匀搅拌保证施工质量;③浆液不能发生离析,水泥浆液应严格按预定配合比制作,防止灰浆离析,有利于水泥浆与土均匀拌和;④压浆阶段输浆管道不能堵塞,不允许发生断浆现象,桩身需注浆均匀,不得发生土浆夹心层;⑤发生管道堵塞应立即停泵处理,处理结束后立即启动搅拌钻具,停留 1min 左右后继续注浆,等 40~60s 恢复横向搅拌切割。

5) 质量检验方法。根据有关规定每台班做一组 7.07×7.07×7.07cm³ 水泥土试块。试样来源于沟槽中置换出的水泥土浆液,按规定条件养护,到达龄期后送实验室做抗压强度试验,试验报告及时提交监理工程师。

第七节　反滤、排水工程施工

一、反滤施工工艺

1. 工艺流程

反滤料施工工艺流程如图 5-23 所示。

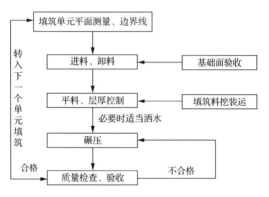

图 5-23　反滤料填筑施工工艺流程

2. 施工方法

（1）测量放样。基础面或填筑面经监理验收合格后，在铺料前由测量人员放样出反滤料区及其相邻料区的分界线，并在各种料分界部位每间隔 15～20m 设置界桩，并标明桩号、高程等明显标志，确保各填筑料料界受控。

（2）反滤料的料源及质量控制。合理布置反滤料生产地点，反滤料由反滤料及掺砾石料加工系统生产；生产的反滤料按要求进行颗粒检测，并对反滤料的坚硬度、抗冻性、渗透系数等按要求的频次进行检测，需满足设计要求后才进行生产；反滤料生产过程中应定期进行含水量、含泥量检测，检测指标应满足设计要求；生产出的合格的反滤料需分类堆放，不得混杂；装料时要混合装料，并应防止颗粒分离。

（3）反滤料的装运。反滤料采用装载机或反铲挖装；反滤料由自卸运输车运往填筑作业面；运输车辆必须挂明显的料种标识牌。装运反滤料的运输车辆要相对固定,并保持车厢清洁。

（4）卸料与铺料。

1）每层反滤料铺料前应进行测量放线,每层进行定点测量严格控制厚度,保证反滤层的位置、尺寸应符合施工图纸的规定;

2）每层反滤料填筑前,其填筑作业面上散落的松土、杂物等应于卸料前清除;

3）在卸料区设置过渡车道,防止轮胎将心墙土料带至反滤层面发生污染;

4）反滤层施工应采用后退法卸料,即在已压实的层面上后退卸料形成密集料堆,再用反铲平料;

5）反滤层与心墙土料填筑面平起上升,填筑铺料采用"先砂后土"的方法,即先铺一层反滤料,再填筑两层土料,第2层土料与第1层反滤料齐平碾压,循环上升;

6）反滤料应采用反铲平料,保证不发生颗粒分离。铺料均匀,心墙区与反滤料区交界处粒径不符合设计要求的,用人工清理至细堆石料区,反滤料区与细堆石料区交界处粒径不符合设计要求的,用反铲配合人工清理至粗堆石料区;

7）反滤料铺筑必须严格控制铺料厚度;

8）在反滤层与基础和岸边的接触处填料时,不允许因颗粒分离而造成粗料集中和架空现象;

9）分段铺筑时,在平面上将各层铺筑成阶梯形的接头,即后一层比前一层缩进必要的宽度,在斜面上的横向接缝,严格按照设计要求规划接缝位置,接缝处齐缝碾压,不得出现层间错动或折断现象,收成坡度不陡于1：3的斜坡,各层料在接缝处亦铺成台阶的接头,使层次分明,不致错乱;

10）在反滤层内严禁设置纵缝。有施工缝时,反滤料应错开,连接时应把接头挖松同碾。反滤层横向接坡时必须清至合格面,使接坡的反滤料层次清楚,不得发生层间错位、中断和混杂;

11）反滤层与防渗土料交界面,可采用锯齿状填筑,但必须保证心墙土料的设计厚度不受侵占;

12）反滤层与细堆石料交界面也可采用锯齿状填筑,但必须保证反滤层的设计厚度不受侵占;

13）岸坡或周边填筑采用连续级配料填筑过渡,不允许出现大骨料集中及架空现象。

（5）碾压。选择碾压遍数和碾压机械时,在施工前进行压实工艺试验,确定施工参数,并报监理确认。

（6）验收。

1）每单元铺料碾压完成后,经质检人员"三检"验收合格后通知监理进行验收。

2）验收需提交的资料包括:①基面处理或填筑面验收的测量资料;②取样试验成果。

3）验收检查的项目包括:①基础面处理是否满足设计要求;②填筑面的平整度是否满足设计要求;③取样试验成果是否满足规范要求;④碾压错距是否满足规范要求;⑤各分区料侵占相邻区域的允许公差是否满足设计要求;⑥对反滤料干密度、孔隙率和颗粒级配等压实指标进行抽样检查。反滤料的压实指标抽样检查的次数见表 5-13。

表 5-13　　　　　反滤料压实检查次数

坝料类别及部位	检查项目	取样（检测）次数
反滤料	干密度、颗粒级配、含泥量	1 次/200～500m³,每层至少一次

4）出现取样检测不合格时必须进行补碾处理。

5）验收结果合格并经监理同意后方可进行下一循环的施工。

二、排水施工工艺

土料场排水应采取截、排结合,以截为主的措施。对于地表水应在采料高程以上修筑截水沟加以拦截。对于流入开采范围的地表水,应开挖纵横排水沟迅速排除。在开挖过程中,应保持地下水位降至开挖底面 0.5m 以下。

堆石排水体应按设计要求分层实施,施工时不得破坏反滤层,靠近反滤层处用较小石料铺设,堆石上下层面应避免产生水平通缝。

排水减压沟应在枯水期施工,沟的位置、断面和深度均应符合设计要求。

排水减压井应严格按设计要求并参照有关规范的要求施工。钻井宜用清水固壁,并随时取样、绘制地质柱状图,钻完井孔要用清水洗井,经验收合格后安装井管,每口井均应建立施工技术档案。

第八节 接缝、堤身与建筑物结合部施工

一、堤防分段接缝

(1)当堤身分段进行施工时,分段间有高差的连接或新老堤相连接时,垂直堤轴线方向的接缝,应以不陡于1∶3的斜面相接。

(2)接缝的坡面填筑时应做到:①随着填筑面的上升进行削坡,直至合格层;②削坡合格后,应控制好坡面土料的含水率,边刨毛、边铺土、边压实;③垂直堤轴线的堤身接缝碾压时,应跨缝搭接碾压,其搭压宽度不应小于3m;④结合面要洒水湿润。

二、斜坡结合施工

1. 斜坡式防波堤的结构型式与施工特点

(1)斜坡式防波堤的结构型式。

1)分类。抛石防波堤:中、小型港口;人工块体护面防波堤:开敞海岸的港口;土砂心防波堤:湖泊和水库港。

2)典型断面。由堤心、垫层、护面、支承棱体组成,典型断面如图5-24所示。

(2)施工特点:工程量一般较大,施工条件较差,施工干扰大。

(3)施工程序:①陆上推进施工:堤根→抛填堤心石→(分段流水)外坡垫层、护底、支承棱体、护面块体→扫尾;

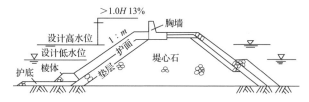

图 5-24　斜坡式防波堤典型断面

②水上施工:堤的一端开始(突堤从堤根开始)→抛棱体下部基础→抛棱体和护底→垫层、支承棱体和护面块体→扫尾。

2. 斜坡式防波堤的施工工艺与组织

(1) 测量定位。控制导标主要有断面标和里程标,如图5-25 所示。

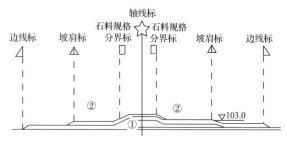

图 5-25　斜坡式防波堤测量定位

(2) 基础处理。基础处理主要有抛石挤淤法、沙井排水加固法、置换法、铺砂垫层或土工布法、爆破挤淤法、分层加载预压法。

(3) 墙身及护底施工。

1) 堤心抛石。斜坡堤堤心石要求:一般采用 10～100kg 的块石,无级配要求;满足强度要求。由于防波堤堤心抛石工程量大,应优先考虑采用抛石船抛填——水上施工。

2) 垫层抛石及理坡。垫层抛石要满足级配与强度要求,理坡方法:滑轨法,坡面上安导轨轨轨;滑线法,在坡面上埋设排桩,排桩上系拉细绳,在两细绳间设滑线,移动滑线理坡。

3）支承棱体和护底施工。

（4）护面块体(石)的施工。

1）混凝土护面块体的预制。块体种类：栅栏板、四脚空心方块、扭工字块体、四脚锥体、扭王字块体等。

2）护面块体(石)的安放。安放原则：分段从坡脚至坡顶进行，先水下后陆上，自下至上顺序。

3. 护坡的施工

（1）模袋混凝土护坡施工。施工工艺流程：边坡修整→模袋排体铺设、定位→充灌混凝土→混凝土养护→混凝土压顶→水下抛石。

（2）边坡修整。利用 1m³ 长臂反铲按照设计边坡线削坡，削坡后水下部分由潜水员下去进行人工修整，比设计边坡凹下去的部分用块石、碎石、砂找平，水上部分直接由人工整平。修整后的边坡要求坡面平顺，无明显凸凹，无杂物。

（3）模袋排体铺设：①模袋排体加工：模袋布块间缝接必须用专用线，线道不许歪斜，不许跳针，保证缝合牢固和连续。模袋加工好后，在其上下缝管套中穿入钢管，以下缝钢管为轴，将模袋卷成筒状待用；②模袋排体固定：用人工将筒状排体抬至坡顶平台锚固沟边，在锚固沟内用锚桩将排体头部固定入沟槽底部，确保上缘有 1.5m 以上的富余长度用作辅助张拉和二次保险。在进行排头固定时，必须确保排体中轴线与锚固沟垂直；③模袋排体铺放：模袋利用人力顺坡滚铺，采用卷扬机控制排体顺坡向下流滚铺速度，在模袋排体摊铺时需沿铺摊边用砂(碎石)袋进行压固，砂、石袋在排面上采用梅花型布置。

（4）充灌混凝土。用混凝土输送泵进行排体混凝土的充灌工作，混凝土坍落度一般控制在 23 ± 2 cm。充灌从最深处的平台区段开始，逐渐往高处进行。

（5）混凝土压顶施工。模袋混凝土强度达到 60% 后，即可进行压顶施工。混凝土压顶的施工按照普通混凝土施工进行。

（6）水下抛石。模袋混凝土强度达到 80% 以上时，即可进行抛石施工,所用块石要经过筛选,单块重 30～50kg,有棱角的部分必须敲掉。块石先用钢管网箱装住,然后用吊车吊到船上;按设计要求抛下第一层块石,由潜水员潜入水底摆放整齐,然后再抛第二层,依次抛每一层,每层都要由潜水员按设计要求摆放整齐。

三、土堤与刚性建筑物接合施工

土堤与刚性建筑物(涵闸、堤内埋管等)相接时,施工应符合以下要求:

(1)建筑物周边回填土方,应在混凝土强度达到设计强度 50%～70%的情况下进行。

(2)建筑物基槽内的杂物及基底软弱土层必须清理干净,泥、水必须彻底排除。

(3)填土前,应清除建筑物表面的乳皮、粉尘及油污等,对表面的外露铁件(如模板对拉螺栓等)应割除,必要时对铁件残余露头需用聚合物水泥砂浆覆盖保护。

(4)填筑时,应先将建筑物表面湿润,边涂浓泥浆、边铺土、边夯实。涂浆高度应与铺土厚度一致,涂层厚度宜为 3～5mm,并应与下部涂层衔接;严禁泥浆干涸后再铺土、夯实。

(5)制备泥浆应用塑性指数大于 17 的黏土,泥浆的浓度可用 1∶2.5～1∶3(土水重量比)。

(6)建筑物两侧填土应保持均衡上升,防止建筑物被挤移,贴边填筑宜用夯具夯实。

第九节 雨天与低温时施工

一、雨季施工

(1)雨季施工主要解决好防雨、防风、防雷、防汛等问题。

(2)雨前应及时将作业面表层的松土压实成光面,并做成中央凸起向两侧微倾,以利于排泄雨水。必要时做好现场排水沟,排水沟排向现场外。

(3)当下小雨时,应停止黏性土填筑。

(4)雨前应将黏性土填筑面采用防水布铺盖,未铺盖的填筑面在降雨时或雨后不宜人行践踏,并严禁车辆通行。

(5) 准备好塑料薄膜,必要时对混凝土及时加以覆盖,防止雨水直接冲刷混凝土表面,并且根据砂石含水率的变化及时调整混凝土和砂浆的用水量。

(6) 对沟槽回填土采取必要遮盖措施,保证回填土质。

(7) 雨后恢复施工,填筑面应经晾晒复压处理。必要时,应对表面进行清理。

二、冬季施工

(1) 土堤不宜在负温下施工;如具备保温措施时,允许在气温不低于-5℃的情况下施工。

(2) 负温施工时应取正温土料。土料压实时的气温必须在0℃以上。

(3) 负温下施工时,对土料的含水率应严格控制,黏性土含水率不得大于塑限的90%,砂料含水率不得大于4%。铺土厚度适当减薄,或采用重型碾压机械进行碾压。

(4) 筑堤土料中不得夹有冻土和冰雪。

(5) 采取快速施工作业,快挖、快运、快填、快压,防止土温大量散失。

(6) 冬季浇筑的混凝土,要采取保温措施,保证其早期强度达到规范要求。混凝土所用骨料中不得含有冰、雪等冻结物及易冻裂的矿物质。冬期进行混凝土施工时,掺用防冻剂,拌制混凝土掺用的防冻剂必须符合规范要求。

(7) 砌体每天的砌筑高度不超过1.2m,砌筑的砂浆中掺加防冻剂,每天砌筑后在砌体表面覆盖保温材料。

第六章

防护工程施工

堤防护岸工程按护岸型式可划分为五种：①坡式护岸，可分为护坡工程和护脚工程；②坝式护岸，可分为丁坝护岸和顺坝护岸；③墙式护岸；④复合式护岸，包括墙式与坡式护岸、坝式与丁坝护岸和顺坝与打桩护岸；⑤板式护岸。

第一节 护 脚 施 工

堤岸防护包括护脚、护坡、封顶三部分，一般施工时先护脚、后护坡、封顶。护脚施工根据设计要求采用抛石、抛土袋、抛柴枕、抛石笼、混凝土沉井和土工织物软体沉排等方式护脚时，应根据护脚工程部位的实际情况，按以下要求实施。

一、抛石护脚

（1）石料尺寸和质量应符合设计要求；

（2）抛投时机宜在枯水期内选择；

（3）抛石前，应测量抛投区的水深、流速、断面形状等基本情况；

（4）必要时应通过试验掌握抛石位移规律；

（5）抛石应从最能控制险情的部位抛起，依次展开；

（6）船上抛石应准确定位，自下而上逐层抛投，并及时探测水下抛石坡度、厚度；

（7）水深流急时，应先用较大石块在护脚部位下游侧抛一石埂，然后再逐次向上游侧抛投。

二、抛土袋护脚

（1）装土（砂）编织袋布的孔径大小应与土（砂）粒径相匹配；

（2）编织袋装土(砂)的充填度以 70%～80% 为宜，每袋重不应少于 50kg，装土后封口绑扎应牢固；

（3）岸上抛投宜用滑板，使土袋准确入水叠压；

（4）船上抛投土(砂)袋，如水流流速过大，可将几个土袋捆绑抛投。

三、抛柴枕护脚

（1）柴枕的规格(长度和直径)和结构应按设计要求确定，一般采用枕长 10～15m、枕径 1.0m，柴、石体积比约为 7∶3。

（2）柴枕捆扎工艺应按下列顺序和要求进行：

1）平整场地。①在险工段的堤顶或戗台上，选好并平整捆枕场地；②在场地远水侧顺流向放一枕木，其上再横放一排垫桩，垫桩长约 2.5m，粗头近枕木，细头朝向水流，形成约 1/10 的斜坡，垫桩间距为 0.5～0.7m；③在场地后部偏上游一侧打设拉桩。

2）铺柴排石。①在两垫桩间放好捆枕绳(或铅丝)；②在垫桩上铺柴枝(柳枝、玉米秸、苇料等)，捆 1.0m 直径的枕，铺柴料宽约 1.0m，压实厚度为 0.15～0.20m；铺柴应分两层，第一层从上游端开始，柴枝料粗头朝外，均匀交错铺至下游端，第二层将柴枝粗头反过来，再从下游端铺至上游端，铺完两层后，两端以粗头朝外再铺一节，加厚枕的两头；③在铺柴中间分层排放石块，大小搭配排紧填实，呈中间略宽、两头稍窄，直径约 0.6m 的柱体，两端各留 0.4～0.5m 不排石；④排石一半厚时，放一根拴有 2～3 个十字木棍或长形块石的穿心绳，然后再将上一半排石排好；缺石料时，可用土工编织袋、麻袋、草袋装土代替；⑤在排石上再按铺柴方法铺两层柴枝。

3）捆枕：①将柴枕下的捆枕绳依次用力(或用绞杆)绞紧系牢；②捆枕绳双股、单股相间，枕头处应以双股盘扎好，见图 6-1。

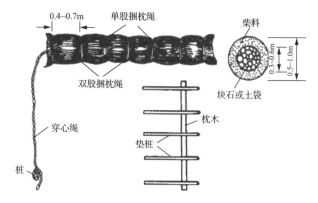

图 6-1 捆柴枕示意图

（3）柴枕抛枕应按以下要求进行：

1）考虑流速因素，准确定位。

2）抛枕前，将穿心绳活扣拴在预先打好的拉桩上，并派专人掌握穿心绳的松紧度。抛枕人要均匀站在枕后，同时推枕、掀垫桩，确保柴枕平衡滚落入水中，见图 6-2。

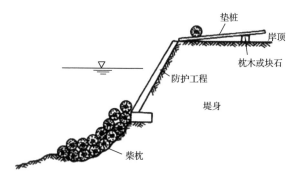

图 6-2 抛柴枕剖面示意图

3）由上游侧向下游侧逐个靠接，顺堤坡方向由下而上逐个贴岸。

4）要从抢护部位稍靠上游侧抛起；采取分段抛枕时，应同时进行。

5）抛枕过程中,应加强水下探测,及时调整穿心绳,或用数根底钩绳控制柴枕沉落位置。

6）柴枕抛足后,应及时抛压枕石将其压稳。

四、抛石笼护脚

(1) 石笼大小视需要和抛投手段而定,石笼体积以1.0～2.5m³为宜。

(2) 应先从最能控制险情的部位抛起,依次扩展,并适时进行水下探测,坡度和厚度应符合设计要求。

(3) 抛完后,需用大石块将笼与笼之间不严密处抛填补齐。

五、混凝土沉井护脚

(1) 施工前应将质量合格的混凝土沉井运至现场。

(2) 将沉井按设计要求在枯水期的河滩面上准确定位。

(3) 人工或机械挖除沉井内的河床介质,使沉井平稳沉至设计高程。

(4) 向混凝土沉井中回填砂石料,填满后,顶面应以大石块盖护。

六、土工织物软体沉排护脚

(1) 做排应按照下列要求进行:

1）软体排制作:①一般用聚丙烯(或聚乙烯)编织布缝成12m×10m的排体;②在排体的下端横向缝制 0.4m 宽的横袋;③在排体中央及两边再缝制 0.4～0.6m 宽的竖袋,两竖袋间距一般为 4m 左右;④每个竖袋两侧排体上分别缝结一条直径 1cm 的聚乙烯纵向拉筋绳,其下端从横袋底部兜过,纵向拉筋绳应预留一定长度,并与顶桩联结;⑤在排体上、下两端,横向各缝结一直径 1cm 的聚乙烯挂排绳;⑥在排体上游侧应另拴两根拉绳,分别连接软体排底部的挂排绳和最上侧的拉筋绳,见图 6-3。

2）排体长度应大于所抢护段堤(岸)坡长度与淘刷深度之和,不足时可用两个排体相接。

3）软体排缝制应采用双道缝线,叠压宽度不小于 5cm,两线相距以 1.5～2.0cm 为宜。

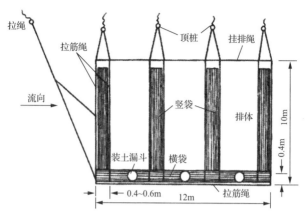

图 6-3 土工织物软体沉排平面示意图

（2）软体排沉放。

1）在需沉护堤（岸）段的岸边展开排体，先将土装入横袋内，装满后封口。

2）在上游侧岸边顶打一桩，将与软体排下端拉筋绳连接的拉绳活拴在该顶桩上，并派专人控制其松紧。

3）将排体推入水中，在软体排展开的同时向竖袋内装土，直到横袋沉至河底。

4）软体排上游侧竖袋充填土（砂）必须密实，必要时可充填碎石加重。

5）软体排沉放过程中要随时探测，如发现排脚下仍有冲刷坍塌，应继续向竖袋内加土，并放松拉筋绳，使排体紧贴岸边整体下滑，贴覆整个坍塌部位，见图 6-4。

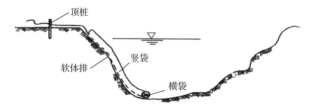

图 6-4 土工织物软体沉排护岸剖面示意图

6)两软体排搭接时,上游侧排体应搭接在下游侧排体上,搭接宽度不小于50cm,并应将搭接处压实。

第二节 护 坡 施 工

根据设计要求采用砌石、现浇混凝土、预制混凝土板、植草皮、植防浪林等方式进行护坡时,应分别按以下要求实施。

一、砌石护坡

（1）按设计要求削坡,并铺好垫层或反滤层。

（2）干砌石护坡,应由低向高逐步铺砌,要嵌紧、整平,铺砌厚度应达到设计要求,平均面层厚度不小于0.2m,块石下面砂性土坡上的垫层也不得被缝隙间水流冲动。

（3）浆砌石护坡应做好排水孔的施工,并符合下列规定:

1）砌筑前,应在砌体外将石料上的泥垢冲洗干净,砌筑时保持砌石表面湿润。

2）应采用坐浆法分层砌筑,铺浆厚宜3～5cm,随铺浆随砌石,砌缝需用砂浆填充饱满,不得无浆直接贴靠,砌缝内砂浆应采用扁铁插捣密实;严禁先堆砌石块再用砂浆灌缝。

3）上下层砌石应错缝砌筑;砌体外露面应平整美观,外露面上的砌缝应预留约4cm深的空隙,以备勾缝处理;水平缝宽应不大于2.5cm,竖缝宽应不大于4cm。

4）砌筑因故停顿,砂浆已超过初凝时间应待砂浆强度达到2.5MPa后才可继续施工;在继续砌筑前,应将原砌体表面的浮渣清除;砌筑时应避免振动下层砌体。

5）勾缝前必须清缝,用水冲净并保持槽内湿润,砂浆应分次向缝内填塞密实;勾缝砂浆标号应高于砌体砂浆;应按实有砌缝勾平缝,严禁勾假缝、凸缝;砌筑完毕后应保持砌体表面湿润,做好养护。

6）砂浆配合比、工作性能等,应按设计标号通过试验确定,施工中应在砌筑现场随机制取试件。

（4）灌砌石护坡要确保混凝土的质量,并做好削坡和灌入振捣工作。

（5）石笼护坡，以铁丝、钢筋、聚合物筋，甚至竹筋编成的网状箱、笼、排垫等形状充填石块即为石笼、石箱。石笼的一般尺寸为长 3～4m、宽 1～3m、厚 0.3～1m，大面积薄的石牌（小于 0.5m）作为排垫时，可编好网状先铺在坡面上，然后充填石块、碎石，再封闭上口。

二、块体铺面护坡

用现浇混凝土或预制混凝土板护坡时，缆索把预制有钩钉之类的混凝土块连接为块体排垫，或以顶针、胶黏剂等方法锚固在土工织物上，由于相互牵连，较单个松散块体的护坡更为牢固，而且可水下铺放。块体排垫不允许大的移动变形，只允许 5%～10% 护坡厚度的移动，铺放排垫时必须先清理平整坡面使块体紧黏土面，当采用土工织物垫底时接头处应相互搭接 0.5～1.0m，并且符合有关标准的规定。

三、草皮护坡

应按设计要求选用适宜草种，铺植要均匀，草皮厚度不应小于 6.4cm，并注意加强草皮养护，提高成活率。

四、林木护坡

护堤林、防浪林应按设计选用林带宽度、树种和株、行距，适时栽种，保证成活率，并应做好消浪效果观测点的选择。

五、封顶施工

封顶工程应与护坡工程密切配合，连续施工，不遗留任何缺口。对顶部边缘处的集水沟、排水沟等设施，要按照规范和设计要求施工。

第三节　崩　岸　整　治

一、崩岸险情的判断

1. 崩岸的成因

崩岸险情发生的主要原因是水流冲刷深堤岸坡脚。在河流的弯道，主流逼近凹岸，深泓紧逼堤防。在水流侵蚀、冲刷和弯道环流的作用下，堤外滩地或堤防基础逐渐被淘刷，使岸坡变陡,上层土体失稳而最终崩塌,危及堤防。

此外,为了整治河道,控制河势,与险工相结合,在河道的关键部位常建有垛、丁坝和顺坝等。由于这些工程的阻水作用,常会在其附近形成回流和旋涡,导致局部冲刷深坑,进而产生窝崩,从而使这些垛、丁坝和自身安全受到威胁。

2. 崩岸险情的预兆

崩岸险情发生前,堤防临水坡面或顶部常出现纵向或圆弧形裂缝,进而发生沉陷和局部坍塌。因此,裂缝往往是崩岸险情发生的预兆,必须仔细分析裂缝的成因及其发展趋势,及时做好抢护崩岸险情的准备工作。

必须指出,崩岸险情的发生往往比较突然,事先较难判断。它不仅常发生在汛期的涨、落水期,在枯水季节也时有发生;随着河势的变化和控导工程的建设,原来从未发生过崩岸的平工也会变为险工。因此,凡属主流靠岸、堤外无滩、急流冲顶的部位,都有发生崩岸险情的可能,都要加强巡查,加强观察。

勘察分析河势变化,是预估崩岸险情发生的重要方法。要根据以往上下游河道险工与水流冲顶点的相关关系和上下游河势有无新的变化,分析险工发展趋势;根据水文预报的流量变化和水位涨落,估计河势在本区段可能发生变化的位置;综合分析研究,判断可能的出险河段及其原因,做好抢险准备。

3. 崩岸险情的探测

探测护岸工程前沿或基础被冲深度,是判断险情轻重和决定抢护方法的首要工作。一般可用探水杆、铅鱼从测船上测量堤防前沿水深,并判断河底土石情况。通过多点测量,即可绘出堤防前沿的水下断面图,以大体判断堤脚基础被冲刷的情况及抛石等固基措施的防护效果。与全球定位仪(GPS)配套的超声波双频测深仪法是测量堤防前沿水深和绘制水下断面地形图的先进方法。在条件许可的情况下可优先选用。因为这一方法可十分迅速地判断水下冲刷深度和范围,以赢得抢险时间。

在情况紧急时,可采用人工水下探测的方法,大致了解冲坑的位置和深度急流旋涡的部位以及水下护脚破坏的情况,以便及时确定抢护的方法。

二、崩岸险情的抢护方法

崩岸险情的抢护措施,应根据河势,特别是近岸水流的状况,崩岸后的水下地形情况以及施工条件等因素酌情选用。首先要稳住坡脚,固基防冲。待崩岸险情稳定后,再酌情处理岸坡。处理崩岸险情的主要措施有:护脚固基抗冲、缓流挑流防冲、减载加帮等。

1. 护脚固基抗冲

一旦发生崩岸险情,首先应考虑抛投料物,如石块、石笼、土袋和柳石枕等,以稳定基础、防止崩岸险情的进一步发展。

(1) 抛石块。抛投石块应从险情最严重的部位开始,依次向两边展开。首先将石块抛入冲坑最深处,逐步从下层向上层,以形成稳定的阻滑体。在抛石过程中,要随时测量水下地形,掌握抛石位置,以达到稳定坡度(一般为 1:1~1:1.5)为止。

抛投石块应尽量选用大的石块,以免流失。在条件许可的情况下,应通过计算确定抗冲抛石粒径。在流速大、紊动剧烈的坝头等处,石块重量一般应达到 30~75kg;在流速较小、流态平稳的顺坡坡脚处,石块重量一般也不应该小于 15kg。

抛石的落点受流速、水深、石重等因素的影响,在抛投前应先做简单现场试验,测定抛投点和落点的距离,然后确定抛投船的舶位。可根据堤防工程多年的实测资料,对抛石位移进行初步定位。

在水深急流情况下抛石,应该选择突击抢抛的施工方法。集中力量,一次性抛入大量石块,避免零抛散堆,造成不必要的石块流失。从堤岸上抛石时,为避免砸坏堤岸,应采用滑板,保持石块平稳下落。当堤岸抛石的落点不能达到冲坑最深处时,这一施工方法不宜单独运用。应配合船上抛投,形成阻滑体,否则起不到抛石的作用。

（2）抛石笼。当现场石块体积较小,抛投后可能被水冲走时,可采用抛投石笼的方法。抛石笼应从险情严重的部位开始,并连续抛投至一定高度。可以抛投石堆,亦可普遍抛笼。在抛投过程中,需不断检测抛投面坡度,一般应使该坡度达到 1:1。

应预先编织、扎结铅丝网、钢筋网或竹网,在现场充填石料。石笼体积一般应达到 $1.0\sim2.5\text{m}^3$,具体大小应视现场抛投手段而定。

抛投石笼一般在距水面较近的坝顶或堤坡平台上,或船只上实施。船上抛笼,可将船只锚定在抛笼地点直接下投,以便较准确地抛至预计地点。在流速较大的情况下,可同时从坝顶和船只上抛笼,以增加抛投速度。抛笼完成以后,应全面进行一次水下探摸,将笼与笼接头不严之处,用大石块抛填补齐。

（3）抛土袋。在缺乏石料的地方,可利用草袋、麻袋和土石编织袋充填土料进行抛投护脚。在抢险情况下,采用这一方法是可行的。其中土工编织袋又优于草袋、麻袋,相对较为坚韧耐用。

每个土袋重量宜在 50kg 以上,袋子装土的充填度为 70%～80%,以充填沙土、沙壤土为好,充填完毕后用铅丝或尼龙绳绑扎封口。

可从船只上或堤岸上用滑板导滑抛投,层层叠压。如流速过高,可将 2～3 个土袋捆扎连成一体抛投。在施工过程中,需先抛一部分土袋将水面以下深槽底部填平。抛袋要在整个深槽范围内进行,层层交错排列,顺坡上抛,坡度 1:1,直至达到要求的高度。在土袋护体坡面上,还需抛投石块和石笼以作为保护。在施工中,要严防坚硬物扎破、撕裂袋子。

（4）抛柳石枕。对淘刷较严重、基础冲塌较多的情况,仅石块抢护效果不佳。常可采用抛柳石枕抢护。

柳石枕的长度视工地条件和需要而定,一般长 10m 左右,最短不小于 3m,直径 0.8～1.0m。柳、石体积比约为

2：1，也可根据流速大小适当调整比例。

推枕前要先探摸冲淘部位的情况，要从抢护部位稍上游推枕，以便柳石枕入水后有藏头的地方。若分段推枕，最好同时进行，以便衔接。要避免枕与枕交叉、搁浅、悬空和坡度不顺等现象发生。如河底淘刷严重，应在枕前再加第二层枕。要待枕下沉稳定后，继续加抛，直至抛出水面 1.0m 以上。在柳石枕护体面上，还应加抛石块、石笼等，以作为保护。

选用上述几种抛投物料措施的根本目的，在于固基、阻滑和抗冲。因此，特别要注意将物料投放在关键部位，即冲坑最深处。要避免将物料抛投在下滑坡体上，以加重险情。

在条件许可的情况下，在抛投物料前应先做垫层，可考虑选用满足反滤和透水性准则的土工织物材料。无滤层的抛石下部常易被淘刷，从而导致抛石的下沉崩塌。当然，在抢险的紧急关头，往往难以先做好垫层。一旦险情稳定，就应立即补做此项工作。

2. 缓流挑流防冲

为了减缓崩岸险情的发展，必须采取措施防止急流顶冲的破坏作用。

（1）抢修短丁坝。丁坝、垛、矶等可以导引水离岸，防止近岸冲刷。这是一种间断性有重点的护岸形式，在崩岸除险加固中常有运用。

在突发崩岸险情的抢护中，采用这一方法难度较大，见效较慢。但在急流顶冲明显、冲刷面不断扩大的情况下，也可应急地采用石块、石枕、铅丝石笼、沙石袋等抛堆成短坝，调整水流方向，以减缓急流对坡脚的冲刷。

在抢险中，难以对短丁坝的方向、形式等进行仔细规划，但要求坝长不影响对岸。修建丁坝势必增强坝头附近局部河床的冲刷危险，因此要求坝身（特别是坝头）具有一定的抗冲稳定性。

应尽量采用机械化施工，以赢得时间、争取主动。

（2）沉柳缓流防冲。这一方法对减缓近岸流速，抗御水流冲刷比较有效。在含沙量较大的河流中,采用这一方法效果更为显著。

首先应摸清淘刷堤脚的下沿位置,以确定沉柳的底部位置和应沉的数量。

用船运载枝叶茂密的柳树头,用铅丝或麻绳将大块石等重物捆扎在柳树头的树杈上。然后,从下游向上游,由低到高,依次抛沉,要使树头依次排列,紧密相联。如一排不能完全掩护淘刷范围,可增加堆沉排数,层层相叠,以防沉柳之间空隙淘冲。

上述缓流挑流防冲的几种措施,一般只能作为崩岸险情抢护的辅助手段,它们可以减缓险情的发展,但不能从根本上解决问题。

3. 减载加帮等其他措施

在采用上述方法控制崩岸险情的同时,还可考虑临水削坡、背水帮坡的措施。

为了抑制崩岸险情的继续扩大,维持尚未坍塌堤脚的稳定,应移走堤顶堆放的物料或拆除洪水位以上的堤岸。特别是坡度较陡的砌石堤岸,应尽可能拆除,并将土坡削成 1:1 的坡度,以减轻荷载。因坍塌或削坡使堤身断面过小时,应在堤的背水坡抢筑后戗或培厚堤身。

当崩岸险情发展迅速,一时难以控制时,还应考虑在崩岸堤段后一定距离抢修第二道堤防,俗称月堤。这一方法就是对崩岸险工除险加固中常采用的退堤还滩措施。退堤还滩就是主动将堤防退后重建,以让出滩地,形成对新堤防的保护前沿。在抢险的紧急关头,为防止堤防的溃决,有时也不得不采用这一应急措施,以策万全。

第七章

加 固 与 扩 建

第一节 加固工程施工

在汛期高水位时，因渗流而导致堤防出险占堤防险情的绝大部分。据长江中下游 1998 年洪水险情统计，渗流险情约占险情的 80% 以上，其中重大险情乃至溃口也占很大比例。因此，消除渗流险情，进行防渗处理，是堤防加固工程中的重要组成部分。

一、加固方案确定

防渗工程通常指的就是防止渗流破坏的工程，亦为渗流控制工程。所谓渗流控制就是控制堤身、堤基内的渗流状态（渗流水头、渗流坡降、渗流量）都在允许范围内，不发生渗流破坏，保证大堤安全。

渗流控制的总原则是"前堵后排，保护渗流出口"。渗流控制措施的形式主要有：辅盖、堤外抽槽黏土齿墙、平台压浸、填塘盖重、锥探灌浆防渗、劈裂灌浆防渗止水、减压井（沟）、吹填盖重、防渗斜墙、垂直防渗墙等。这些措施大致可分为四类：①前堵类，包括辅盖、防渗斜墙、垂直防渗墙等，其功能是截断渗流以达到保护堤身、堤基渗流安全的目的；②后排类，包括减压井（沟）等，其功能是有控制地加快渗流的排出，降低堤基的渗透压力，保证堤基安全；③保护出口类，如滤层等；④其他类，视措施不同，其效果亦不同，如盖重、淤背、填塘等措施，可扩大堤身、堤基的边界，并外延渗流出口，其目的均是保证渗流安全。

防渗工程设计应遵循以下原则：工程设施应有较高的安

全度且有利于施工和维护；工程措施的选择应因地制宜、截导压兼施；尽量减少对水环境的影响；大力推广新技术、新工艺和新材料。

防渗工程加固方案确定首先是依据险情、地质条件及渗流稳定计算成果确定治理范围。其次是在上述原则的指导下，在确定的范围内，在流域防洪规划制定的防洪标准（设计洪水位）条件下，结合堤防险情的类型、地质条件、外滩宽窄、堤内居住及耕作情况，综合考虑、分析比较，选择治理措施。

各种方案介绍如下：

（1）辅盖。辅盖是一种传统的渗流控制设施，一般指在堤外于上游河床上与堤底辅设衔接的防渗层，俗称水平辅盖。其目的是延长渗径、降低水力坡降。

（2）堤外抽槽黏土齿墙。在堤外采用抽槽并填筑黏土伸入堤基中的突出齿形结构。其主要功能是增加堤底的渗流路径，也可增加堤防建筑物的稳定性。设在闸、堤（坝）或护祖的下游端的黏土齿墙，则可防止水流对堤（坝）基础的淘刷作用。该方法多用于浅层透水堤基，其截水槽底部应达到相对不透水层。

（3）平台压浸。在堤基表层天然防渗辅盖缺失或过薄的情况下，为防止堤基渗漏和渗透破坏在堤内脚地表设置的一种表面压盖的措施。一般根据当地坝段附近的土质，选用黏或砂性土作为平台压浸材料。其中黏土适宜地下水承压水头较高的堤基；砂性土则适宜地下水承压水头较低、洪水汛期时间短并允许堤基有少量渗漏而不允许堤基发生渗透破坏且当地又缺乏黏性土的情况。对于非汛期或施工机械与条件允许，平台压浸可选用吹填法施工。

（4）填塘盖重。填塘盖重是对堤后坑塘用土料填筑一定厚度的覆盖层。当堤外有高水位时，若堤内坑塘自由表面过低、堤基结构复杂欠稳情况下，为保持堤外水重与堤内土重有一个平衡状态采取的一种简单易行的压浸措施。

（5）减压井（沟）。在堤基表层天然防渗辅盖度较小，而且又难以满足防渗要求的前提下，为防止堤基发生流土与管涌等渗透破坏堤内设置的导渗措施。深度大于宽(直径)度的堤基导渗减压措施称为井;深度小于宽(长)度的堤基导渗减压措施称为沟。

导渗减压井(沟)一般有三种:

1) 反滤围井(沟)。在管涌口处用编织袋或麻袋装土填筑围井(沟),井(沟)内同步铺填反滤料,从而制止涌水带砂,以防险情进一步扩大。此方法既适用于汛期管涌的应急导渗处理,又适用于天然防渗铺盖厚度不满足防渗要求的历史管涌点的导渗处理。

按不同的反滤料,反滤围井(沟)又可划分为以下几个方面:砂石反滤围井(沟)、土工织物反滤围井(沟)、梢料诸如柳枝、芦苇、麦秸、稻草等反滤围井(沟)等。

2) 有盖过滤井(沟)。当堤内出现大面积管涌或管涌群时,采用透水性能好的材料做有盖过滤井(沟),以降低涌水速度、制止地基泥沙流失、稳定险情。

按反滤料划分:①有盖砂石过滤井(沟);②有盖梢料过滤井(沟)。根据水位高低按盖层开启程度区分:①启盖导渗过滤井(沟);②封盖导渗过滤井(沟)。

3) 蓄水反压。通过抬高管涌区内的水位来减少堤内外的水头差,从而降低渗透压力,减小出逸水力坡降,达到制止管涌的目的。该方法适用于堤后有坑塘、闸后又渠道、覆盖层相对薄弱和其他反滤盖重难以见效的大管涌区。

蓄水反压一般有以下三种形式:渠道蓄水反压、坑塘蓄水反压、围井反压等。

渠道蓄水反压通常是在穿堤建筑物后的渠道因其存在较薄的覆盖压时,位于发生管涌的渠道下游做隔堤来蓄水平压以控制管涌;坑塘蓄水反压通常是在缺乏砂石料的情况下,沿坑塘四周做围堤来蓄水以控制管涌;围井反压则是对大面积管涌区和老的险工段因其覆盖层很薄及时抢做大尺寸的围井并蓄水反压来控制管涌。

需要指出的是,不论是坑塘蓄水反压,还是围井反压,围堤围井的土料都不能就近挖取。

（6）吹填盖重。吹填盖重是堤防渗流控制的一种措施，即通过疏浚工程机械将河流沙土固体介质吸吹输送至堤后一定范围（200m 或 400m）进行堆积压重。该措施的应用一般结合河道整治同步进行，这就是说，一方面疏浚了河道以利河水顺畅；另一方面又给吸吹的河床泥砂土出路，并用以堤后防渗盖重。

（7）土工合成材料。这里讲的土工合成材料主要是指土膜、土工织物等利用土工膜做堤防隔渗层以建造斜墙，其施工技术的关键在于拼接铺设工艺，因为土工膜本身被证明是十分有效的防渗材料，问题就在于施工铺设焊接法拼接要在保证接缝密合质量上，土工织物则是具有良好的过滤性与透水性的反滤材料。用土工织物做堤防工程及滤层设计时，要考虑并满足滤土准则、渗透准则、梯度比准则以及畅通排水条件。

（8）锥探灌浆。先用钢锥在堤身钻眼，凭压锥入土用力大小，可判别有无隐患；其次拔锥，向钻眼中灌沙或泥浆，视灌入次量多寡来定量地检测隐患的程度。在此基础上，将钻眼中灌沙或泥浆改用灌水泥浆体或其他浆材以帷幕固结堤身（堤基），就变为锥探灌浆以作堤防防渗的一种措施。其中对锥度应有规范性要求，即

$$锥度 = \frac{D - d}{L}$$

式中，D——圆锥体大直径，cm；

d——圆锥体小直径，cm；

L——圆锥体长度，cm。

一般锥度取 1∶4。

（9）劈裂灌浆。沿堤顶轴线单排布孔，利用灌浆压力将堤身沿其走向劈开并灌浆形成一厚度为 10cm 左右的防渗帷幕。堤基的定向劈裂主要发生在附加荷载对堤基内小主应力的影响范围之内。在堤基处于拉应力场时，所有劈裂裂隙尖端的开裂方向均为垂直于最大拉应力方向。

（10）垂直防渗墙。在垂向阻截堤外水体使堤防（含堤身

与堤基)得以安全的一种施工措施。堤防垂直防渗墙为一种薄型(20～60cm)的地下连续墙。但墙体材料比地下连续墙更宽广,包括混凝土、钢筋混凝土以外的水泥土、塑性混凝土等。相对以承重为主的地下连续墙显得半刚半柔性。

二、施工工艺

堤防防渗墙的施工工艺包括:深层搅拌水泥土成墙——深搅法;高压喷射水泥浆成墙——高喷法;挤压注浆成墙——注浆法和振动沉模板法;置换建槽成墙——射水法、抓斗法、切槽法和土工合成材料法等。

1. 深搅法施工技术要点

(1)搅拌机定位,对中与调平。将桩机移到拟钻桩位,借助搅拌机本身的和其他诸如经纬仪等设备调平对中,中心偏差一般要求不大于 5cm,偏斜率小于 1‰。

(2)安装水泥浆制备设备,浆液严格过滤,过滤后送集料斗备用,且需经常搅拌以防沉淀。水泥浆采用的水泥大于32.5 号普通硅酸盐水泥,水灰比在 0.5～1.0 之间。用压力胶管连接灰浆泵出口与深层搅拌机的送浆管进口。

(3)试运转。测试搅拌机的搅拌与下沉(提升)过程是否正常;送浆管路与供水管路是否通畅;各种仪表的显示与检测是否准确等。

(4)喷浆搅拌下沉。先启动灰浆泵,将水泥浆泵送至钻头出浆,再启动主机正向旋转,并选钻杆向下推进挡,使钻头下沉,边搅拌边喷浆至设计深度。

(5)喷浆搅拌提升。当搅拌机钻进到设计深度时,停钻灌注水泥浆一段时间,一般为 30～60s,直至孔口返浆。然后启动主机反向旋转,并选钻杆向上提升挡,使钻头上升,边搅拌边提升(提升速度 0.2～1.0m/min),保持孔口微微返浆。当钻头到达设计桩顶时,停止提升,但仍保持搅拌和喷浆数秒,以保证桩头均匀密实。

(6)复搅。搅拌机再次正向旋转下沉,搅拌喷浆至设计深度,然后反向旋转提升,并搅拌喷浆至桩顶。在复搅过程中,注浆量应适当控制(以不堵塞管路为准)。

（7）清洗管路。向集料斗中注入清水,启动灰浆泵清洗管路中残余的水泥浆,直至搅拌头流出清水,并用人工清除搅拌头上的软土物质。

（8）移机至下一个孔位。

（9）如此往复 1～9 步,最后连接成防渗水泥土墙,其技术关键是桩与桩的搭接与结合处理。桩与桩的搭接间歇时间不应大于 24h。

2. 高喷法施工技术要点

（1）施工前,应对照设计图纸核实设计孔位处有无妨碍施工和影响安全的障碍物。如遇上障碍物影响施工,则应与有关单位协商搬移障碍物或更改设计孔位。

（2）单管法、二重管法及三重管法的高压水泥浆液流或高压水射流的压力宜大于 20MPa,气流的压力以空气压缩机的最大压力为限,通常在 0.7MPa 左右,低压水泥浆的灌注压力宜在 1.0MPa 左右,提升速度为 0.1～0.25m/min,旋转速度可取 10～20r/min。

（3）喷射注浆的主要材料为水泥,对于无特殊要求的工程宜采用 32.5 号或 42.5 号普通硅酸盐水泥。根据需要,可在水泥浆中分别加入适量的外加剂和掺和料,以改善水泥浆液的性能。常用的速凝早强剂有水玻璃、氯化钙、三乙醇胺等。悬浮剂有膨润土、膨润土加碱等。防冻剂有氟石粉、三乙醇胺和亚硝酸钠等。掺和料多用粉煤灰。所用外加剂或掺和剂的数量,应通过室内配比试验或现场试验确定。当有足够实践经验时,亦可按经验确定。

（4）水泥浆液的水灰比越小,高压喷射注浆处理地基的强度越高。在生产中因注浆设备的原因,水灰比小于 0.8 时,喷射有困难,故水灰比取 1.0～1.5,生产实践中常采用 1.0。

（5）高压喷射注浆的全过程为钻机就位、钻孔、置入注浆管、高压喷射注浆和拔出注浆管等基本工序。施工结束后应立即对机具和孔口进行清洗。钻孔的目的是置入注浆管道预定的土层深度,如能用震动或锤击机械直接把注浆管打入土层预定深度,则钻孔和置入注浆管的两道工序合并为一道工序。

(6)高压泵通过高压橡胶软管输送高压浆液至钻机上的注浆管,进行喷射注浆。若钻机和高压水泵的距离过远,势必要增加高压橡胶软管的长度,使高压喷射流的沿程损失增大,造成实际喷射压力降低的后果。因此钻机与高压水泵的距离不宜过远。在大面积场地施工时,如不能减少沿程损失,则应搬动高压泵保持与钻机的距离。

(7)各种形式的高压喷射注浆,均自下而上进行。当注浆管不能一次提升完成而需分数次卸管时,卸管后喷射的搭接长度不得小于100mm,以保证固结体的整体性。

(8)在不改变喷射参数的条件下,对同一标高的土层做重复喷射时,能使土体破碎性增加,从而加大有效加固长度和提高固结强度。这是一种获得较大旋喷直径或定喷、摆喷长度的简易有效方法。复喷时可先喷水或喷浆。复喷的次数根据工程要求决定。在实际工作中,通常在底部和顶部进行复喷,以增大承载力和确保处理质量。

(9)当喷射注浆过程中出现下列异常现象时,需查明原因采取相应措施:

①流量不变而压力突然下降时,应检查各部位的泄漏情况,必要时拔出注浆管,检查密封性能。

②出现不冒浆或断续冒浆时,若系土质松软则视为正常现象,可适当进行复喷;若系附近有空洞、通道,则应不提升注浆管继续注浆直至冒浆为止,或拔出注浆管待浆液凝固后重新注浆。

③在大量冒浆压力稍有下降时,可能系注浆管被击穿或有孔洞,使喷射能力降低。此时应拔出注浆管进行检查。

④压力陡增超过最高限制,流量为零,停机后压力仍不变动时,则可能系喷嘴堵塞。应拔管疏通喷嘴。

(10)当高压喷射注浆完毕后,或在喷射注浆过程中因故中断,短时间(小于或等于浆液初凝时间)内不能继续喷浆时,均应立即拔出注浆管清洗备用,以防浆液凝固后拔不出管来。每孔喷射注浆完毕后可进行封孔。

（11）高压喷射注浆处理地基时，在浆液未硬化前，有效喷射范围内的地基因受到扰动而强度降低，容易产生附加形变，因此，在处理既有建筑物地基或在邻近既有建筑旁施工时，应防止施工过程中在浆液凝固硬化前导致建筑物的附加下沉。通常采用控制施工速度、顺序和加快浆液凝固时间等方法防止或减小附加变形。

（12）应在专门的记录表格上如实记录下施工的各项参数，详细描述喷射注浆时的各种现象，以便判断加固效果并为质量检验提供资料。

3. 灌浆法施工技术要点

水泥浆液是以水泥为主剂的粒状浆液，在地下水无侵蚀性的条件下一般都采用普通硅酸盐水泥，其次也可采用矿渣水泥。水泥浆液是一种悬浊液，能形成强度较高和渗透性较小的结石体，其取材容易，配方简单，又不污染环境，故为常用的浆液。

目前常用的水泥灌浆法可分成四类：充填灌浆、压密灌浆、渗透灌浆、劈裂灌浆。

（1）充填灌浆。指利用稠浆主要是黏土浆或掺有混合料的水泥浆直接向被灌浆载体内的大孔隙、大空洞、岩溶裂隙等空间灌浆，以及向沙砾层、卵石、碎石层，地下结构壁后空洞灌浆的一种以不改变岩土原有结构但充填其原有空间的施工方法。它可用来改善被注载体的均匀性。

堤防锥探灌浆是典型的充填灌浆，其工艺流程见图7-1。

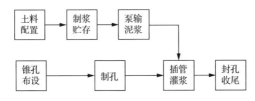

图 7-1　堤防锥探灌浆施工工艺流程

①土料配制。土料黏粒含量 20%～50%，粉粒含量

40%～70%,砂粒含量 10%以下为宜。

②制浆贮存。泥浆的比重宜为 1.5 左右,黏度控制在 20.0～100.0s;比重用比重计测量,黏度可用漏斗法测定。泥浆制好送贮浆池待用。

③泵输泥浆。用离心式灌浆机输送泥浆,以灌浆孔口压力小于 0.1MPa 为准来控制输出压力。

④锥孔布设。一般锥孔均呈梅花形布置,常用行距 1.0m 左右,孔距 1.5～2.0m。对松散渗透强、隐患多的堤防,可按序布控,逐渐加密。

⑤制孔。可用全液压式打锥机制孔。锥孔深度 9.0～12.0m,孔径 30.0～32.0mm;锥孔速度 6m/min 左右;锥孔深度至堤基以下 0.5～1.0m。

⑥插管灌浆。用平行推进法灌浆,孔口压力应在 0.1MPa 以内。根据吃浆量大小可重复灌浆,一般 2～3 遍,特殊 4～5 遍就能注实。

在灌浆过程中应不断检查各管进浆情况。先看胶管是否蠕动,有蠕动表示进浆迅速。如看不出有蠕动,再用手拿起触摸,如胶管有振动感,表明进浆仍很顺利。如果胶管没有振动感,且较轻软,可把胶管放到耳朵附近听,是否有"嘶嘶"声,如听不清还应将胶管折死,放在耳旁,一面缓慢放松,一面仔细听取,重复折放两次,如有"嘶嘶"声表示仍有进浆,如果没有这种声音,即表示在常压下不进浆,这时需将其他一根或两根灌浆管折死,以便增压,使其继续进浆。当增压 10 分钟后仍不进浆时,表示锥孔已住满,应停止增压拔管换孔,同时记下时间。

灌浆中应及时处理串浆、喷浆、冒浆、塌陷、裂缝等异常现象。串浆时可堵塞串浆孔口或降低灌浆压力;喷浆时可拔管排气;冒浆时可减少输浆量、降低浆液浓度或灌浆压力;发生塌陷时可加大泥浆浓度灌浆,并将陷坑用黏土回填夯实;发生裂缝时可夯实裂缝、减少灌浆压力、少灌多复,若裂缝较大并有滑坡时,应按翻筑的方法处理。

⑦封孔收尾。灌浆后应用浓浆对孔口注满封实,再用土

回填。对输浆管应及时用清水冲洗,对所有设备及工器具归类收集整理入仓。

（2）压密灌浆。指用较高的压力灌入浓度较大的水泥浆或水泥砂浆,使黏性土体变形后在注浆管端部形成"浆泡",由浆泡挤压土体,并向上传递反压力,从而使地层上抬。它可用来调整不均匀沉降。

压密灌浆施工,通常有自上而下分段施工方式及自下而上分段施工方式两种,堤坝主要采用自上而下分段施工方式。

两种施工方式的流程,见图 7-2。

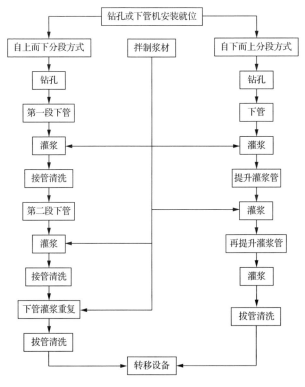

图 7-2　通用压密灌浆施工流程

如图 7-2 所示的流程中,钻孔、拌制浆材与灌浆三个环节在压密灌浆中是关键。

①钻孔。钻孔的目的就是为压密灌浆施工进行造孔。具体施工时,以下四道工序尤为重要并要求做好:

a. 浆前先放轴线。沿轴线测量地面高程,一般每 50m 设 1 根控制桩。根据设计孔底高程要求,分段计算控制钻孔深度。

b. 采用干法造孔。不得用清水循环钻进,孔深不小于设计深度。实际操作中有时遇到块石障碍,则采取平移的方法,绕开障碍。

c. 机架调平。控制垂直度在 1‰ 以内。其计算方法为:在机架上、下部标出中心点 A,B,A、B 间距 H,A 点上悬挂垂线,根据垂线与下部中心点的偏移量 Δ,计算偏移角的正切值 $\tan(\Delta/H)$ 作为垂直度 i。本工序一般控制在 0.5‰ 以内,这样可避免孔斜,有利于钻孔施工和造孔质量检查。

d. 检验孔深的方法有计算钻杆长度、下吊锤、插灌浆管等 3 种。但是吊锤和灌浆管往往到不了孔底,主要原因为:孔斜、孔中有障碍物、底部缩孔等。

②制浆与浆液控制。设计配合比时,水泥与黏土的重量占浆液总重的比分别不小于 15% 和 5%。实际操作中,以搅拌桶为单位,放 1 包 50kg 水泥、17kg 黏土、268kg 水(以制浆机箱相应水位线控制),用比重计测量浆液密度,然后通过调整水泥和黏土的相应比例,对施工中的浆液进行控制。

③灌浆:

a. 应保证孔口压力表显示正常。一般选用量程 1MPa、直径 12cm 的压力表,容易识读。若量程大或者直径小,则不容易识读。

b. 压密灌浆应分排单独灌浆,先注上游排孔,后注下游排孔,不得同时注两排。孔口应设置不小于 1.0m 深的阻浆塞。浆液应连续供应。

c. 终注标准。当孔口附近出现冒浆,停止灌浆,但灌浆压力低于 0.05MPa 时,须重新移位打孔灌浆;当孔口未发生冒浆时,若压力已达到 0.2MPa,需要连续灌浆 3 次。

d. 达到终注标准后,采用密度大于 1.6g/cm³ 的稠浆封孔。

(3) 渗透灌浆。指在相对较小灌浆压力作用下,使浆液充填土的孔隙和岩石裂隙,排挤出孔隙中存在的自由水和气体,而基本上不改变原状土的结构和体积,这一类灌浆一般只适用于中砂以上的砂土和有裂隙的岩石。

渗透灌浆施工工艺流程(单孔)见图 7-3。

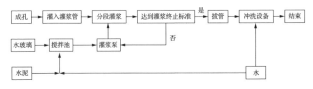

图 7-3 渗透灌浆施工工艺流程(单孔)框图

①成孔。成孔由布设钻孔、钻机定位和钻孔三个工序组成。布设钻孔,是根据渗透灌浆工程的要求与目的来规划设计的;钻机定位则是根据设计方案施工图先后按各钻孔中心定位的;钻孔,对渗透灌浆而言,有采用口径 $\phi100$mm 的三翼刮刀钻头为切削具、清水作清洗液的;有采用 $\phi91$mm 金刚石钻头的。不同钻头及其直径均服于渗透灌浆最佳效果来考虑。

②灌入灌浆管。灌入灌浆管指的是将 $\phi20$mm 的中等硬度 PVC 塑管放置距孔底 10～20cm 钻孔,孔外需留长 0.5～1.0m。灌浆前,先对灌浆管线与设备进行检查,在确认可按施工设计程序正常运转后再配制浆液。

③配制双液浆材。渗透灌浆多采用水泥浆与水玻璃—水泥浆双浆液。配制浆液时一定要严格按照设计计算的配比进行操作,其搅拌时间应大于 10min。

④灌浆。采用分段灌浆或全孔灌浆,刚开始送浆时,以低压(0.1MPa)、慢速(15L/s)和稀浆(小于 1.2g/cm²)施注,这样既可清洗管道,又为后续分级施注开畅输送途径。接着再提高压力(设计要求的压力)、浓浆(大于 1.5g/cm³)、设计

计算的注浆量(40L/s)分级分序施注。

⑤终止灌浆。渗透灌浆终止标准依不同目的而给出不同终止灌浆标准。有以灌浆压力譬如 0.5MPa 或某一压力值来终止;有以地面抬升譬如 7mm 或某一变形量来终止;或者是以上两者的结合来终止灌浆。

(4)劈裂灌浆。指在相对较高灌浆压力作用下,浆液克服地层的初始应力和抗拉强度,引起岩石和土体结构的破坏和扰动,使地层中原有的裂隙或孔隙张开,形成新的裂隙或孔隙,促使浆液的可灌性和扩散距离增大。

劈裂灌浆施工工艺见图 7-4。

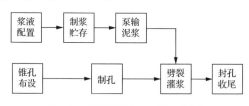

图 7-4　劈裂灌浆施工工艺及其流程

①浆液配制。配制的浆液应符合可灌注性能好、稳定性高、析水固结快、浆液固结体防渗性能强、变形模量与堤身土相近的要求。一般泥浆中砂粒含量应在 30% 以上,黏粒含量在 20% 左右,粉粒含量为 50% 左右;常用浆液重度为 1.20～1.60kN/m³,稳定性为 0.05～0.10g/cm³,黏度为 20.0～100.0s。重度在 1.48kN/m³ 以上的泥浆为浓浆,以下为稀浆。浓浆中掺水玻璃可增加浆液的流动性,浆液重度为 1.50～1.60kN/m³ 时,水玻璃掺量宜为 0.65%～1.20%。

②制浆贮存。浆液的重度应按灌浆的过程控制。总的原则是先稀后稠。在堤身未裂开前,浆液重度宜采用 1.10～1.20kN/m³;在坝体劈开后,应尽量提高浆液重度,加入水玻璃后,可将浆液重度提高到 1.65～1.85kN/m³。浆液制好后,送至贮浆池待用。

③泵输泥浆。泵输泥浆关键是压力控制。灌浆压力与堤身质量、断面尺寸、灌浆部位、泥浆稠度、吃浆量等因素有

关,一般应按"内劈、外不劈"的原则,以孔口初始压力为0.3～0.4MPa、持续压力为0.1～0.2MPa的标准来控制泥浆泵输出压力。

④锥孔布设。劈裂式帷幕灌浆,应沿堤轴线单排布孔,孔距按逐渐加密的原则分序布设。各序孔距一般为:第一序20m,第二序10m,第三序5m。若灌完三序孔后,裂缝仍未连接起来,应布设第四序孔,孔距为2.5m。

⑤制孔。可根据工程情况选择全液压式打锥机制孔,孔深应达堤基,孔径为30.0～32.0mm,孔斜率不大于1%。

⑥劈裂灌浆一般用孔底灌浆全孔灌注法。灌浆机浆液压入灌浆管,浆液从管底流出,顺管壁外侧向上流动。在注浆管与孔壁之间设阻浆塞,浆液受到阻挡后,注浆压力增大,当浆液压力大于堤身土地的小主应力加单轴抗拉强度时,该土体即沿小主应力作用面劈开。堤身内约1/2堤高处的小主应力最小,因此,浆液首先在1/2堤高附近劈裂堤身,然后劈裂缝向堤身上部、下部及沿堤轴线方向发展。

应在规定的时间内按照设计的裂缝宽度由小到大逐步劈开。孔序的相隔时间不宜小于1个月,复注次数不少于5次,每次相隔时间不少于10天。应严格控制灌浆压力、灌浆时间和灌浆量,在方法上宜"少注多复"。当灌浆压力接近允许最大压力值时,应更换注浆孔,可按设计规定的注浆压力和裂缝宽度范围内单位吃浆量小于0.5kg/min下持续半小时,作为灌浆结束标准。

阻浆塞长度可取为1.5m左右。

灌浆压力的控制为超强劈裂压力:

$$\Delta P > \sigma_3 + \delta_1 - r'h' + P_h$$

式中,ΔP——孔口压力,kPa;

σ_3——土体小主应力,kPa;

δ_1——土体单轴抗拉强度,kPa;

r'——浆液重度;

h'——灌浆管深度,m;

P_h——泥浆流动时所产生的摩擦阻力,kPa。

单孔最大压力按起始劈裂压力的 1.5 倍左右,屈服压力一般为 $P \leqslant 0.98r'h'$。

灌浆中应及时处理裂缝、冒浆和塌坑等异常现象。裂缝两侧缝壁上下错距大于 10cm 以上时,应立即停注,查明原因后另行确定处理方法;堤坡出现横缝时,应采用停注间歇、增大灌浆压力、增加复注次数、延长灌浆时间的方法处理;出现冒浆时,应立即停注,采取停注间歇或在冒浆处开挖加阻浆盖等方法处理;堤顶出现塌坑时,应立即停注,3~5d 后在塌坑周围打孔灌注稠泥浆,并对塌坑分层填土夯实。

⑦封孔收尾。灌浆后应用浓浆灌满封实孔口,再用土回填。对输浆管应及时用清水冲洗,对所用设备及工器具归类手机整理入仓。

⑧灌浆期堤身沉降、位移控制。在灌浆前应埋设好沉降、位移的观测桩(两种观测结合在一起埋设观测桩)。测桩可设在临背水两堤肩。沉降、位移量的控制一般要求同一观测点的水平位移量与沉降位移量之比小于相应边坡系数值得 $1/2$,即 $\Delta L/\Delta h < 0.5K_b$($K_b$ 表示边坡系数)。位移应控制在 1~2cm/次。

水泥灌浆法适用于砂土和碎石土中的渗透灌浆,也适用于黏性土、填土和黄土中的压密灌浆与劈裂灌浆。

水泥浆的水灰比一般变化范围为 0.6~2.0,常用的水灰比是 1。为了调节水泥浆的性能,有时可加入速凝或缓凝剂等附加剂。常用的速凝剂有水玻璃和氯化钙,其用量为水泥重量的 1%~2%;常用的缓凝剂有木质素磺酸钙和酒石酸,其用量为水泥重量的 0.2%~0.5%。

4. 射水法施工技术要点

射水法施工技术包括建槽(破土、固壁和出渣)与成墙两类四种工艺。

(1) 建槽。

①正循环射水破土。开动卷扬机、射水泵与泥浆泵,启动成槽器做上下运动以冲击切割成槽。其正循环射水压力一般为 0.4~0.6MPa;槽孔允许偏差不大于 3cm;孔斜率不

大于 0.4%。

②泥浆固壁。槽孔内泥浆要求其重度小于 1.3t/m³、黏度小于 30s、含砂率小于 10%；孔底淤积厚度不大于 10cm。

③反循环出渣。由射水泵（主泵）将泥浆池内的泥浆经由导管送到成槽器，再由若干喷嘴以高速射流喷入地层，这是正循环射水；由泥浆泵（砂砾泵）用反循环吸渣和排出。

（2）成墙。成墙包括成槽与槽段接头的处理两个工序，至关重要。经验表明，18m 深的槽孔是 8～10 个单序孔后返回施工双序孔；10m 深的槽孔是 14～20 个单序孔后返回施工双序孔。相邻槽段接头宜用"平接技术"。

5. 抓斗法施工技术要点

（1）抓斗法挖槽成墙的关键，在于槽段长度的选择，一般应以"槽长＝4h 内塑性混凝土的最大浇筑量/槽宽× 槽深"为准。经验表明，最大槽长不大于 10m，通常为 6～8m 适宜。

（2）抓斗建槽开挖时，其垂直度应在成槽深 6～7m 时调节控制，否则难以铅垂纠偏。

（3）整个槽段挖到设计高程后，必须进行扫孔。其方法是从槽段一端向另一端铲挖，其铲挖深度应控制在同一设计高程，每次移动 50cm 左右。

（4）清孔换浆采用空气提升器或反循环泵进行。清孔管的管底一般控制在离槽底 10～20cm，并经常更换位置，其间隔在 100～150cm 之间。

（5）对于小于 5MPa 抗压强度的软岩，抓斗可直接抓挖成槽，以备后续浇筑塑性混凝土嵌岩成墙；大于 5MPa 的硬岩，则需用重凿嵌岩法或冲击反循环法使之嵌岩深度达 0.5～1.0m。

6. 切槽法施工技术要点

（1）建造宽度不小于 6m 的施工平台。

（2）沿防渗墙轴线开挖导向槽。

（3）钻导孔 ϕ30cm×1m 深。

（4）锯槽段 8～10m 长、槽宽（30～50cm）±0.5cm。深度按设计要求。

（5）清孔换浆,换浆结束 1h 后,检测泥浆比重小于 1.1,黏度小于 35s,含砂率小于 3‰,30min 内泥浆失水量小于 40ml,槽孔底沉渣厚度小于 10cm。

（6）换浆结束后 4h 内开始浇筑塑性混凝土,保持塑性混凝土面均匀连续上升,其上升速度不小于 2m/h;控制浇筑混凝土相邻导管的高差不大于 0.5m。

（7）隔离体采用土工布或橡胶制作,便于同一槽内边浇筑边切槽同步施工。

（8）相邻槽孔的连接方法,一般采用无接缝浇筑法平接,并要求塑性混凝土的初凝时间不宜过短,早期强度不宜过高。

7. 振动沉模板法施工技术要点

（1）振动沉模防渗墙的施工,要求作业面平整、坚实,其承载力需满足施工设备承载要求。

（2）沉模作业前应校平机架,立柱中心与施工轴线偏差不超过±3.0cm,且立柱的垂直偏差不超过 0.5%。

（3）水泥、黄砂等原材料应满足有关技术规范的要求;砂浆或者子浆的配合比应经试验确定,试块的渗透系数、抗压强度等技术参数应满足设计要求。

（4）正式施工前,应按设计要求进行现场试验,确定模板的提升速度、砂浆的稠度或子浆的扩散度、设备激振力等技术参数。

（5）施工宜采用双板法施工,在弧段或变轴线段可采用单板法施工。采用单板法施工时,单元板体的搭接长度不小于 10cm。

（6）施工应该连续进行。如果施工中发生停歇时间较长或发生其他异常现象,应对接缝进行检查,必要时应采用高压旋喷等措施进行防渗处理,保证接缝处质量达到设计的防渗要求。

（7）提拔模板前,应先将砂浆或子浆充满整个模板,直至孔中溢出浆液,才能提拔模板;提拔模板时,应先启动振锤振动数秒,使模板侧壁阻力减小,待振锤振幅正常后再缓慢提拔,模板离孔底 2.0m 左右后再匀速提拔;根据不同土质确定提拔速度,量大不超过 2~3m/min(在软土地基中取小值);提拔过程中应及时补浆。

(8) 墙体浇筑顶面应比设计墙顶高程高 20~30cm,建筑物防渗墙在沉模结束后凿除到设计高程;对于堤防防渗墙可不凿除。

(9) 对施工技术要求的参数要如实准确记录。

(10) 防渗墙的防渗效果,可采用在防渗墙两侧挖深坑、埋测压管等方法来检查判断。

(11) 根据工程的重要性或设计要求预留检测孔进行超声波检测。

8. 土工合成材料法施工技术要点

土工合成材料法总体施工工技术,主要靠施工前的选材,然后通过现场人工或机械化的摊铺、缝合和固定三大基本工序,最终达到"紧贴、平整、准直"的目的。

(1) 土工合成材料尤其是土工膜,施工前、中、后三阶段,其工艺技术重点是保证土工膜的抗拉强度和变形能满足防裂设计要求。

(2) 土工织物的第二个重点施工工艺是保证不被顶破。若施工中发现有 $1cm^2$ 以上的面积破损时,应及时更换;当孔洞在 $1cm^3$ 以下时应及时修补。

(3) 土工织物的穿刺强度应不小于施工时的接触力。

(4) 作为反滤层的无纺土工织物,当地面下沃土的粉粒或黏粒含量超过 50%时,就在其间加铺一砂层,以减轻无纺土工织物发生阻塞的危险。

(5) 各种土工复合材料及特种材料均应符合其设计施工标准规范,否则应停止施工。

第二节　扩建工程施工

一、一般规定

(1) 堤防加固、扩建前,应对加固、扩建设计文件进行研究,合理制定施工方案和实施步骤。

（2）堤防加固、扩建施工应提前做好施工准备,适时开工,按期完工;需分年（分期）施工的,应安排好度汛准备措施。

（3）有隐患的老堤,应先进行隐患处理,然后再进行加高培厚等施工。

二、扩建工程施工

（1）老堤加高培厚,必须清除结合部位的各种杂物,并将堤坡挖成台阶状,再分层填筑。

（2）新、老堤结合部位的施工,应符合规范要求。具体规定:土堤碾压施工,分段间有高差的连接或新老堤相接时,垂直堤轴线方向的各种接缝,应以斜面相接,坡度可采用1:3～1:5,高差大时宜用缓坡。土堤与岩石岸坡相接时,岩坡削坡后不宜陡于1:0.75,严禁出现反坡。

1）在土堤的斜坡结合面上填筑时,应符合下列要求:应随填筑面上升进行削坡,并削至质量合格层;削坡合格后,应控制好结合面土料的含水量,边刨毛、边铺上、边压实;垂直堤轴线的堤身接缝碾压时,应跨缝搭接碾压,其搭接宽度不小于3.0m。

2）土堤与刚性建筑物（涵闸、堤内埋管、混凝土防渗墙等）相接时,施工应符合下列要求:建筑物周边回填土方,宜在建筑物强度达到设计强度50%～70%的情况下施工;填土前,应清除建筑物表面的乳皮、粉尘及油污等;对表面的外露铁件（如模板对销螺栓等）宜割除,必要时对铁件残余露头需用水泥沙浆覆盖保护;填筑时,需先将建筑物表面湿润,边涂泥浆、边铺土、边夯实,涂浆高度应与铺土厚度一致,涂层厚宜为3～5mm,并应与下涂涂层衔接;严禁泥浆干固后再铺上、夯实;制备泥浆应采用塑性指数 IP 大于17的黏土,泥浆的浓度可用1:2.5～1:3.0（土水重量比）;建筑物两侧填土,应保持均衡上升;贴边填筑宜用夯具夯实,铺土层厚度宜为15～20cm。

3）浆砌石墙（堤）分段施工时,相邻施工段的砌筑面高差应不大于 1.0m。

（3）用清淤或吹填法进行堤防扩建时，应符合规范要求，具体规定：

1）土料吹填筑堤方法有多种，最常用的有挖泥船和水力冲控机组两种施工方法；挖泥船又有绞吸式、斗轮式两种形式。水下挖土采用绞吸式、斗轮式挖泥船；水上挖土采用水力冲控机组，并均采用管道以压力输泥吹填筑堤。

2）不同土质对吹填筑堤的适用性差异较大，应按以下原则区别选用：无黏性土、少黏性土适用于吹填筑堤，且对老堤背水侧培厚更为适宜；流塑-软塑态的中、高塑性有机黏土不应用于筑堤；软塑-可塑态黏粒含量高的壤土和黏土，不宜用于筑堤，但可用于充填堤身两侧池塘洼地加固堤基；可塑-硬塑态的重粉质壤土和粉质黏土，适用于绞吸式、斗轮式挖泥船以黏土团块方式吹填筑堤。

3）吹填区筑围堰应符合下列要求：每次筑堰高度不宜超过 1.2m（黏土团块吹填时筑堰高度可为 2m）；应注意清基，并确保围堰填筑质量；根据不同土质，围堰断面可采用下列尺寸：黏性土，顶宽 1～2m，内坡 1∶1.5，外坡 1∶2.0；砂性土，顶宽 2m，内坡 1∶1.5～1∶2.0，外坡 1∶2.0～1∶2.5；筑堰土料可就近取土或在吹填面上取用，但取土坑边缘距堰脚不应小于 3m；在浅水域或有潮汐的江河滩地，可采用水力冲挖机组等设备，向透水的编织布长管袋中充填土（砂）料垒筑围堰，并需及时对围堰表面做防护。

4）排泥管线路布置应符合下列要求：排泥管线路应平顺，避免死弯；水、陆排泥管的连接，应采用柔性接头。

5）根据不同施工部位，宜遵循下列原则选择不同吹填措施：

①吹填用于堤身两侧池塘洼地的充填时，排泥管出泥口可相对固定。

②吹填用于堤身两侧填筑加固平台时，出泥口应适时向前延伸或增加出泥支管，不宜相对固定；每次吹填层厚不宜超过 1.0m，并应分段间歇施工，分层吹填。

③吹填用于筑新堤时,应符合下列要求:a.先在两堤脚处各做一道纵向围堰,然后根据分仓长度要求做多道横向分隔封闭围堰,构成分仓吹填区分层吹填;b.排泥管道居中布放,采用端进法吹填直至吹填仓末端;c.每次吹填层厚一般宜为0.3~0.5m(黏土团块吹填允许在1.8m);d.每仓吹填完成后应间歇一定时间,待吹填土初步排水固结后才允许继续施工,必要时需辅设内部排水设施;e.当吹填接近堤顶吹填面变窄不便施工时,可改用碾压法填筑至堤顶。

泄水口可采用溢流堰、跌水、涵洞、竖井等结构形式,设置原则和数量应符合《疏浚与吹填工程技术规范》(SL 17—2014)的有关规定。

挖泥船取土区应设置水尺和挖掘导标。

6)吹填施工管理应做好下列工作:加强管道、围堰巡查,掌握管道工作状态和吹填进展趋势;统筹安排水上、陆上施工,适时调度吹填区分仓轮流作业,提高机船施工效率;查定吹填筑堤时的开挖土质、泥浆浓度及吹填有效土方利用率等常规项目;检测吹填土性能;泥沙沿程沉积颗粒大小分布;干密度和强度与吹填土固结时间的关系;控制排放尾水中未沉淀土颗粒的含量,防止河道、沟渠淤积。

吹填筑堤时,水下料场开挖的疏浚土分级,按《疏浚与吹填工程技术规范》(SL 17—2014)中的疏浚土分级表执行。

第八章

质量控制与质量评定

第一节 工程项目划分

一、一般规定

(1) 堤防工程划分为单位工程、分部工程和单元工程。依据《水利水电工程施工质量检测与评定规程》(SL 176—2007)项目划分见表8-1。

(2) 项目划分由项目法人或委托监理单位组织设计及施工等单位共同商定,同时确定主要单位工程、主要分部工程,并将划分结果报相应工程质量监督机构认定。

二、单位工程划分

(1) 单位工程根据设计及施工部署和便于质量管理等原则进行划分。

(2) 堤防工程项目一般划分为堤身、堤岸防护、交叉联接建筑物和管理设施等单位工程。在仅有单项加高加固或基础防渗处理等项目时,也可单独划分为单位工程。

(3) 根据实际情况按下述原则划分单位工程:

1) 一个工程项目由若干项目法人负责组织建设时,每一项目法人所负责的工程可划为一个单位工程。

2) 一个项目法人所负责组织建设的工程,可视规模按照堤段划分为若干个单位工程。

3) 较大交叉联接建筑物可以每一独立建筑物划为一个单位工程。

4) 堤岸防护和管理设施工程可以每一独立发挥作用的项目划为一个单位工程。

表 8-1 堤防工程项目划分

工程名称	单位工程	分部工程	单元工程
堤防工程	堤身工程	堤基处理工程	堤基处理与相应堤身单元工程划分应协调一致
		△堤基防渗工程	防渗处理按相关规程划分单元工程
		☆堤身防渗工程	按相关规程划分原则划分单元工程
		△堤身填(浇、砌)筑工程(包括碾压式土堤填筑工程、分区土质堤工程、土料吹填筑堤工程、混凝土防洪墙工程、砌石堤工程)	碾压式土堤按层、段划分单元工程,新筑堤按堤轴线长度 200～500m,老堤加高培厚按堤段填筑量 1000～2000m³ 为一个单元工程;吹填工程按一个吹填围堰区段(仓)或按堤轴线长 100～500m 划分为一个单元工程;混凝土防洪墙及砌石堤工程,按相关规程划分原则划分单元工程
		填塘固基	
		压浸平台	
		☆堤身防护	按施工段划分单元工程,每个单元工程长度不宜超过 100m
		堤脚防护	
	堤身防护	护脚工程	
		△护坡工程	
	交叉、联接建筑工程(包括涵闸、公路桥及其他跨河工程)	根据各建筑物的设计特点并参照相关规程划分分部工程	按各建筑物相关规程划分单元工程
	管理设施工程	△观测设施	各分部工程按各相关规程划分单元工程
		生产生活设施工程	
		交通工程	
		通信工程	

注:表中"△"为主要单位工程或主要分部工程;"☆"者视实际情况可定为主要分部工程也可定为一般分部工程。

三、分部工程划分

（1）分部工程应按功能进行划分。同一单位工程中，同类型的各个分部工程的工程量不宜相差太大，不同类型的各个分部工程的投资也不宜相差太大。

（2）堤身单位工程可划分为堤基处理、堤身填（浇、砌）筑、堤身防渗、压浸平台、填塘固基、堤身防护、堤脚防护等分部工程。

（3）堤岸防护单位工程可划分为护脚和护坡等分部工程。

（4）交叉联接建筑物单位工程按《水利水电工程施工质量检测与评定规程》(SL 176—2007)划分分部工程。

（5）管理设施单位工程可划分为观测设施、生产生活设施、交通、通信等分部工程。

当交通、通信工程投资规模较大并单独列项时也可将其划分为一个单位工程。

四、单元工程划分

（1）单元工程按照施工方法、部署以及便于进行质量控制和考核的原则划分。

（2）不同工程按下述原则划分单元工程：土方填筑按层、段划分；吹填工程按围堰仓、段划分；护坡工程按施工段划分；混凝土工程按《水利水电基本建设工程单元工程质量等级评定标准》(DL/T 5113.8—2012)划分；砌石堤按《水利水电基本建设工程单元工程质量等级评定标准》(DL/T 5113.7—2015)划分；交叉联接建筑物和管理设施等工程按相关标准划分。

第二节　堤基处理工程施工质量控制与评定

一、堤基清理单元工程

1. 质量控制

堤基清理应符合以下要求：

（1）堤基清理的范围应包括堤身、戗台、铺盖、压载的基面,其边界应在设计基面边线外 0.3~0.5m。老堤加高培厚,其清理范围尚应包括堤顶及堤坡。

(2) 堤基表层的淤泥、腐殖土、泥炭等不合格土及草皮、树根、建筑垃圾等杂物必须清除。

(3) 堤基内的井窖、墓穴、树坑、坑塘及动物巢穴,应按堤身填筑要求进行回填处理。

(4) 堤基清理后,应在第一次铺填前进行平整,除了深厚的软弱堤基需另行处理外,还应进行压实,压实后的质量应符合设计要求。

(5) 新老堤结合部的清理、刨毛,应符合《堤防工程施工规范》(SL 260—2014)的要求。

2. 质量评定

(1) 依据《水利水电工程单元工程施工质量验收评定标准——堤防工程》(SL 634—2012)堤基清理单元工程质量检查的项目与标准应符合表 8-2 的规定。

表 8-2　　堤基清理单元工程质量检查项目与标准

项次	检查项目	质量标准
1	基面清理	堤基表层不合格土、杂物全部清除
2	一般堤基处理	堤基上的坑塘洞穴已按要求处理
3	堤基平整压实	表面无显著凸凹,无松土、弹簧土

(2) 依据《水利水电工程单元工程施工质量验收评定标准——堤防工程》(SL 634—2012)堤基清理单元工程质量检测项目与标准应符合表 8-3 的规定。

表 8-3　　堤基清理单元工程质量检测项目与标准

项次	检查项目	质量标准
1	堤基清理范围	清理边界超过设计基面边线 0.3m
2	堤基表层压实	符合设计要求

(3) 堤基清理范围应根据堤防工程级别,按施工堤线长度每 20~50m 测量一次;压实质量检测取样应按清基面积平均每 400~800m² 取样一个。

（4）堤基清理单元工程质量评定标准应符合以下规定：

合格标准：检查项目达到标准，清理范围检测合格率不小于 70%，压实质量检测合格率不小于 80%。

优良标准：检查项目达到标准，清理范围与压实质量检测合格率不小于 90%。

二、软弱堤基处理

软弱堤基处理质量控制的一般要求如下：

（1）采用挖除软弱层换填砂、土时，应按设计要求用中粗砂或砂砾，铺填后及时压实，若换土壤，其压实度和压实干密度要满足设计要求。

（2）流塑性淤质软黏土地基上采用堤身自重挤淤法施工时，应放缓堤坡，减慢堤身填筑速度，分期加高，直至堤基流塑变形与堤身沉降平稳和稳定。

（3）软塑态淤质软黏土地基上在堤身两侧坡脚处设置压载体处理时，压载体应与堤身同步、分级、分期加载，保持施工中的堤基与堤身受力平衡。压载体与堤身同步分级、分期加载方案由施工单位提出，经监理工程师批准后执行。监理工程师对保持施工中的堤基与堤身受力平衡进行监督。

（4）抛石挤淤应用块径不小于 30cm 的坚硬石块，当抛石露出土面或水面时，改用软小石块填平压实，再用上面铺设反滤层并填筑堤身。

（5）采用排水砂井、塑料排水板、碎石桩等方法加固堤基时应符合设计要求。

三、透水堤基处理

透水堤基处理质量控制的一般要求如下：

（1）用黏性土做铺盖或用土工合面材料进行防渗，应按照设计要求控制黏土的压实度及干密度，使其均匀达到设计标准，土工合成材料的各项技术指标要达到规范要求，监理工程师严格控制土工合成材料的材质。铺盖分片施工时，施工单位应编制分片计划并报监理工程师批准，关键是应加强接缝处的碾压和检验。

（2）黏土截水墙施工时，宜采用明沟排水会井点抽排，回填黏性土应在无水基底上按设计要求进行施工控制。

（3）截渗墙的施工方法：开槽型孔灌注混凝土、水泥黏土浆等；开槽孔插埋土工膜；高压喷射水泥粉浆等形成截渗墙。

不论施工单位采用哪种施工方法，均应编写出施工方案，由施工单位报监理工程师审核批准后方可执行。

（4）砂性堤基采用振冲法处理时，施工方案一定要经监理工程师审核。

四、多层堤基处理

多层堤基处理质量控制的一般要求如下：

（1）多层堤基如渗流无稳定安全问题，施工时仅需将清基的表层土夯实后即可填筑堤身，但表层土压实度与干密度应符合设计要求。

（2）如采用盖重压渗排水减压沟及减压井等措施处理，应根据设计要求和有关规范规定执行。

（3）堤基下有承压水的相对隔水层，施工时应保证保留设计要求厚度的相对隔水层控制。

五、岩石堤基的防渗处理

岩石堤基的防渗处理质量控制的一般要求如下：

（1）对强风化岩层堤基除按设计要求清除松动岩石外，筑砌石堤或混凝土堤时基面应铺水泥砂浆，层厚宜大于30mm。筑土堤时，基面应涂黏土浆，层厚宜为 3mm，然后进行堤身填筑。

（2）裂缝或裂隙比较密集的基岩采用水泥固结灌浆或帷幕灌浆进行处理时，施工单位应按施工方案报监理工程师审核批准，并按《水工建筑物水泥灌浆施工技术规范》（SL 62—2014)的规定及设计要求控制。

第三节　填筑与砌筑工程施工质量
控制与评定

堤坝填筑与砌筑工程施工质量控制与评定，应符合《堤防工程施工规范》（SL 260—2014)、《水利水电工程单元工程施工质量验收评定标准——堤防工程》(SL 634—2012)的规定。

一、堤坝土体填筑工程

1. 质量控制

堤身填筑质量控制应符合下列要求：

（1）上堤土料的土质及含水率应符合设计和碾压试验的各项指标要求，在现场以目测、手测法为主，辅以简易试验作参考。如发现料场土质与设计要求有较大出入时，应取代表性土样做土工试验。

（2）土料、砂质土的压实指标按设计干密度值控制；砂料和砂砾料的压实指标按设计相对密度值控制。

（3）压实质量检测的环刀容积：应经过有资质资格的单位进行校正，对细粒土不宜小于 $100cm^3$（内径 50mm）；对砾质土和砂砾料不宜小于 $200cm^3$（内径 70mm）。含砾量多，环刀不能取样时，应采用灌砂法或灌水法测试。若采用《土工试验方法标准》(GB/T 50123—1999)规定方法以外的新测试技术时，应有专门论证资料，经质监部门批准后实施。

2. 质量评定

（1）质量检测取样部位应符合下列要求：

1）取样部位应有代表性，且应在面上均匀分布，不得随意挑选，特殊情况下取样需注明部位、高程。

2）应在压实层厚的下部 1/3 处取样，若下部 1/3 的厚度不足环刀高度时，以环刀底面达下层顶面时环刀取满土样为准，并记录压实层厚度。

3）用核子密度仪检测干密度时，事先由有资质证明单位对核子密度仪进行校验，在使用过程中应经常用环刀法与其作对比试验，以确保其精度。

（2）质量检测取样数量应符合下列要求：每次检测的施工作业面不宜过小，机械筑堤时不宜小于 $600m^2$；人工筑堤或老堤加高培厚时不宜小于 $300m^2$；每层取样数量：施工单位自检时可控制在填筑量每 $100\sim150m^3$ 取样 1 个，抽检量可为自检量的 1/3,但至少应有 3 个;特别狭长的堤防加固作业面,取样时可按每 20～30m 一段取样 1 个;若作业面或局部返工部位按填筑量计算的取样数量不足 3 个时也应取样 3 个。

(3) 在压实质量可疑和堤身特定部位抽样检测时,取样数视具体情况而定,但检测成果仅作为质量检查参考,不作为碾压质量评定的统计资料。

(4) 每一填筑层自检、抽检合格后方准上土,凡取样不合格的部位,应补压或做局部处理,经复验至合格后方可继续下道工序。

(5) 土堤质量评定按单元工程进行,并应符合下列要求:筑新堤宜按堤段内每堤长 200～500m 划分一个单元,老堤加高培厚可按填筑量每 5000m³ 划分一个单元;单元工程的质量评定,是对单元堤段内全部填土质量的总体评价,由单元内分层检测的干密度成果累加统计得出其合格率,样本总数应不少于 20 个;检测干密度值不小于设计干密度值为合格样。

(6) 碾压土堤单元工程的压实质量总体评价合格标准应按表 8-4 的规定执行。

表 8-4　　　碾压土堤单元工程压实质量合格标准

堤型		筑堤材料	干密度合格率	
			1、2 级土堤	3 级土堤
均质堤	新筑堤	黏性土	≥85%	≥80%
		少黏性土	≥90%	≥85%
	老堤加高培厚	黏性土	≥85%	≥80%
		少黏性土	≥85%	≥80%
非均质堤	防渗体	黏性土	≥90%	≥85%
	非防渗体	少黏性土	≥85%	≥80%

注:表中标准必须同时满足下列条件:①不合格样干密度值不得低于设计干密度值的 96%;②不合格样不得集中在局部范围内。

(7) 碾压土堤竣工后的外观质量合格标准见表 8-5。

表 8-5　　　　　　　　碾压土堤外观质量合格标准

检查项目		允许偏差或规定要求/cm	检查频率	检查方法
堤轴线偏差		±15	每 200 延米测 4 点	用经纬仪测
高程	堤顶	0～+15	每 200 延米测 4 点	用水准仪测
	平台顶	−10～+15		
宽度	堤顶	−5～+15	每 200 延米测 4 处	用皮尺量
	平台顶	−10～+15		
边坡	坡度	不陡于设计值	每 200 延米测 4 处	用水准仪测和用皮尺量
	平顺度	目测平顺		

注：质量可疑处必测。

二、土料碾压筑堤施工

1. 质量控制

土料碾压筑堤应符合以下要求：

（1）上堤土料的土质及其含水率应符合设计和碾压试验确定的要求。

（2）填筑作业应按水平层次铺填，不得顺坡填筑。分段作业面的最小长度，机械作业不应小于 100m，人工作业不应小于 50m。应分层统一铺土，统一碾压，严禁出现界沟。当相邻作业面之间不可避免出现高差时，应按照《堤防工程施工规范》(SL 260—2014)的规定施工。

（3）堤身土体必须分层填筑。铺料厚度和土块直径的限制尺寸应符合表 8-6 的规定。

（4）碾压机械行走方向应平行于堤轴线，相邻作业面的碾迹必须搭接。搭接碾压宽度，平行堤轴线方向不应小于 0.5m，垂直堤轴线方向不应小于 1.5m。机械碾压不到的部位应采用人工或机械夯实，夯击应连环套打，双向套压，夯迹搭压宽度不应小于 1/3 夯径。

（5）土料的压实指标应根据试验成果和《堤防工程设计规范》(GB 50286—2013)的设计压实度要求确定设计干密度值进行控制；砂料和砂砾料的压实指标按设计相对密度值

控制。

表 8-6 铺料厚度和土块直径限制尺寸表

压实功能类型	压实机具种类	铺料厚度/cm	土块限制直径/cm
轻型	人工夯、机械夯	15～20	≤5
	5～10t 平碾	20～25	≤8
中型	12～15t 平碾、斗容 2.5m³ 铲运机、5～8t 振动碾	25～30	≤10
重型	斗容大于 7m³ 铲运机、10～16t 振碾、加载气胎碾	30～50	≤15

2. 质量评定

（1）土料碾压筑堤单元工程质量检测项目与标准应符合表 8-7 的规定。

表 8-7 土料碾压筑堤单元工程质量检测项目与标准

项次	检测项目	质量标准
1	铺料厚度	允许偏差−0.5～0cm
2	铺填边线超宽值	人工铺大于 10cm，机械铺大于 30cm
3	压实指标	符合设计要求

（2）铺料厚度检测应按作业面积大小每 100～200m² 取一个测点。铺填边线应按堤轴线长度每 20～50m 取一个测点。压实质量检测的工具、方法和检测部位应符合《堤防工程施工规范》（SL 260—2014）的要求。每层取样数量：自检时可控制在填筑量 100～150m³ 取样一个，堤防加固的狭长作业面，取样可按每 20～30m 取样一个。

（3）土料碾压筑堤单元工程压实质量合格标准，按表 8-8 的规定执行。

（4）堤身上体填筑单元工程质量评定标准应符合以下规定：合格标准：检查项目达到标准，铺料厚度和铺填边线偏差合格率不小于 70%，检测土体压实干密度合格率达到表 8-8 要求；优良标准：检查项目达到标准，铺料厚度和铺填边线偏差合格率不小于 90%,检测土体压实干密度合格率超过表 8-8 数值 5% 以上。

表 8-8   土料碾压筑堤单元工程压实质量合格标准

项次	填筑类型	筑堤材料	压实干密度合格率下限	
			1、2 级土堤	3 级土堤
1	新填筑堤	黏性土	85%	80%
		少黏性土	90%	85%
2	老堤加高培厚	黏性土	85%	80%
		少黏性土	85%	80%

注:1. 不合格样干密度值不得低于设计干密度值的 96%。

   2. 不合格样不得集中在局部范围内。

三、土料吹填筑堤施工

1. 质量控制

土料吹填筑堤应符合以下要求:

(1)根据填筑部位的吹填土质,应选用不同的船、泵及其冲、挖、抽方式。

(2)吹填区基础围堰应按设计修筑,单元工程质量评定与土料碾压筑堤相同。逐次抬高的围堰高度不宜超过 1.2m(黏土团吹填堰高度可为 2m),顶宽宜采用 1~2m,土料吹填筑堤的单元工程质量评定可参照土料碾压筑堤相应的表 8-8 规定执行。

(3)输泥管出口的位置应合理安放、适时调整,采取措施减缓吹填区沉积比降。

2. 质量评定

(1)土料吹填筑堤单元工程质量检查项目与标准应符合表 8-9 的规定。

表 8-9   土料吹填筑堤质量检查项目与标准

项次	检查项目	质量标准
1	吹填土质	符合设计要求
2	吹填区围堤	符合设计要求,无严重溃堤塌方事故
3	泥沙颗粒分布	吹填区沿程沉积的泥沙颗粒级配无显著差异

（2）土料吹填筑堤单元工程质量检测项目与标准应符合表 8-10 的规定。

表 8-10　　　　土料吹填筑堤质量检测项目与标准

项次	检测项目	质量标准
1	吹填高度	允许偏差 $0 \sim +0.3m$
2	吹填区密度	吹填区宽<50m，允许偏差±0.5m； 吹填区宽>50m，允许偏差±1.0m
3	吹填平整度	细粒 0.5～1.2m，粗粒 0.8～1.6m
4	吹填干密度	符合设计要求

（3）土料吹填筑堤单元工程质量检测应按吹填区长度每 $50 \sim 100m$ 测 1 个横断面，每个断面测点不应少于 4 个。吹填区土料固结干密度检测数量为每 $200 \sim 400m^2$ 取一个土样。

（4）土料吹填筑堤单元工程质量评定标准应符合以下规定：

1）合格标准：检查项目达到标准，吹填高程、宽度、平整度合格率不小于 70%；初期固结干密度合格率达到表 8-8 要求，吹填高程、宽度、平整度合格率不小于 90%。

2）优良标准：检查项目达到标准，吹填高程、宽度、平整度合格率不小于 90%；初期固结干密度合格率超过表 8-8 要求 5% 以上。

四、土料吹填压渗平台

1. 质量控制

土料吹填压渗平台应符合以下要求：

（1）压渗平台吹填的土质应尽可能选用透水性较强的土料。

（2）吹填区基础围堰应按设计修筑，在吹填过程中分次抬高围堰高度。

（3）输泥管出口的位置应合理安放、适时调整，采取措施减缓吹填区沉积比降。

2. 质量评定

（1）土料吹填压渗平台单元工程质量检查项目与标准应符合表 8-11 的规定。

表 8-11   土料吹填压渗平台质量检查项目与标准

项次	检查项目	质量标准
1	吹填土质	符合设计要求
2	吹填区围堤	符合设计要求，无严重溃堤塌方事故
3	泥沙颗粒分布	吹填区沿程沉积的泥沙颗粒级配无显著差异

（2）土料吹填压渗平台单元工程质量检测项目与标准应符合表 8-12 的规定。

表 8-12   土料吹填压渗平台筑堤质量检测项目与标准

项次	检测项目	质量标准
1	吹填高程	允许偏差 0～+0.3m
2	吹填区宽度	吹填区宽<50m，允许偏差±0.5m 吹填区宽>50m，允许偏差±1.0m
3	吹填平整度	细粒土 0.5～1.2m，粗粒土 0.8～1.6m

（3）土料吹填压渗平台单元工程质量检测应按吹填区长度每 50～100m 测 1 个横断面，每个断面测点不应少于 4 个。

（4）土料吹填筑堤单元工程质量评定标准应符合以下规定：

1）合格标准：检查项目达到标准，吹填高程、宽度、平整度合格率不小于 70%。

2）优良标准：检查项目达到标准，吹填高程、宽度、平整度合格率不小于 90%。

五、黏土防渗体填筑施工

1. 质量控制

黏土防渗体填筑应符合以下要求：

（1）上堤土料的土质及其含水率应符合设计和碾压试验确定的要求。

（2）填筑作业应按水平层次铺填，不得顺坡填筑。分段作业面的最小长度，机械作业不应小于100m，人工作业不应小于50m。应分层统一铺土，统一碾压，严禁出现界沟。当相邻作业面之间不可避免出现高差时，应按照《堤防工程施工规范》(SL 260—2014)的规定施工。

（3）堤身土体必须分层填筑。铺料厚度和土块直径的限制尺寸应符合表8-13的规定。

（4）碾压机械行走方向应平行于堤轴线，相邻作业面的碾迹必须搭接。搭接碾压宽度，平行堤轴线方向不应小于0.5m，垂直堤轴线方向不应小于1.5m。机械碾压不到的部位应采用人工或机械夯实，夯击应连环套打，双向套压，夯迹搭压宽度不应小于1/3夯径。

（5）土料的压实指标应根据试验成果和《堤防工程设计规范》(GB 50286—2013)的设计压实度要求，确定设计干密度值进行控制；砂料和砂砾料的压实指标按设计相对密度值控制。

表8-13　　　　　铺料厚度和土块直径限制尺寸表

压实功能类型	压实机具种类	铺料厚度/cm	土块限制直径/cm
轻型	人工夯、机械夯	15～20	≤5
	5～10t平碾	20～25	≤8
中型	12～15t平碾、斗容2.5m³铲运机、5～8t振动碾	25～30	≤10
重型	斗容大于7m³铲运机、10～16t振动碾、加载气胎碾	30～50	≤15

2. 质量评定

（1）黏土防渗体填筑单元工程质量检查项目与标准应符合表8-8的规定。

（2）黏土防渗体填筑单元工程质量检测项目与标准应符合表8-14的规定。

（3）铺料厚度及铺填宽度检测及压实密度取样可按堤

轴线长度每 20～30m 取一个测点,或按填筑面积 100～200m² 取一个样进行控制。

表 8-14   黏土防渗体填筑质量检测项目与标准

项次	检测项目	质量标准
1	铺料厚度	允许偏差 0～－5cm
2	铺填宽度	允许偏差 0～＋10cm
3	压实指标	符合设计要求

（4）黏土防渗体单元工程质量评定标准应符合以下规定:

1）合格标准:检查项目达到标准,铺料厚度及铺填宽度合格率不小于 70%,土体压实干密度合格率不小于表 8-15 的规定。

2）优良标准:检查项目达到标准,铺料厚度及铺填宽度合格率不小于 90%,土体压实干密度合格率超过表 8-15 规定 5%以上。

表 8-15   黏土防渗体填筑压实质量合格标准

工程名称	干密度合格率下限	
	1、2 级堤防工程	3 级堤防工程
黏土防渗	90%	85%

注: 1. 不合格样干密度不得低于设计干密度值的 96%;

  2. 不合格样不得集中在局部范围内。

六、砂质土堤堤坡堤顶填筑施工

1. 质量控制

沙质土堤堤坡顶填筑应符合以下要求:

（1）迎水坡和堤顶应选择黏性土;背水坡包边土质应符合设计要求。

（2）砂质土堤堤坡堤顶填筑应在按分区设计尺寸整形削坡、吹填区整平以后,按设计厚度均匀铺料。土堤包边可随主体填筑一并完成。

（3）包边土料应分层填筑、压实,压实质量应符合设计干密度指标。

2. 质量评定

（1）砂质土堤堤坡堤顶填筑单元工程质量检查项目，主要是检查所填土质是否符合设计要求。

（2）砂质土堤堤坡堤顶填筑单元工程质量检测项目及质量标准应符合表 8-16 的规定。

表 8-16　砂质土堤堤坡堤顶填筑单元工程质量检测项目与标准

项次	检测项目	质量标准
1	铺土厚度	允许偏差 0～−5cm
2	铺填宽度	允许误差 0～+10cm
3	压实干密度	符合设计要求

（3）砂质土堤堤坡堤顶填筑单元工程质量检测数量应符合以下规定：铺土厚度、宽度及压实质量测点数量为：包边沿堤轴线每 20～30m 取一个测点；盖顶每 200～400m² 取一个测点。

（4）砂质土堤堤坡堤顶填筑单元工程质量评定标准应符合以下规定：

1）合格标准：检查项目达到标准，铺筑厚度宽度检测合格率不小于 70％，压实干密度合格率不小于表 8-8 要求。

2）优良标准：检查项目达到标准，铺筑厚度宽度检测合格率不小于 90％，压实干密度合格率超过表 8-8 规定 5％以上。

第四节　防护工程施工质量控制与评定

一、堤脚防护工程

堤脚防护施工应符合以下要求：

（1）各种防冲体的形式、结构、质量、强度应符合设计要求。

（2）抛投防冲体过程中应采取措施保护堤防护坡。

（3）抛投防冲体应按设计的程序进行，不同防冲体抛投位置、数量应符合设计要求。

质量评定标准:

(1) 堤脚防护单元工程质量检查项目与标准应符合表8-17的规定。

表8-17   堤脚防护质量检查项目与标准

项次	检查项目	质量标准
1	防冲体结构、质量、强度	符合设计要求
2	抛投程序	符合设计要求
3	抛投位置与数量	符合设计要求

(2) 堤脚防护工程质量检测项目与标准应符合表8-18的规定。

表8-18   堤脚防护质量检测项目与标准

项次	检测项目	质量标准
1	各种防冲体体积	允许偏差 0～+10%
2	护脚坡面相应位置高程	允许偏差±0.3m

(3) 堤脚防护单元工程检测方法与数量:应沿着堤轴线方向每20～50m测量1个横断面,测点的平间距宜为5～10m,并套绘与设计横断面套绘以检查护脚坡面相应位置的高程差,丁坝检测纵断面裹头部分的横断面应不少于2个。

(4) 堤脚防护单元工程质量评定标准应符合以下规定:

1) 合格标准:检查项目达到标准,检测项目合格率不小于70%。

2) 优良标准:检查项目达到标准,检测项目合格率不小于90%。

二、护坡垫层工程

1. 质量控制

护坡垫层施工应符合以下要求:

(1) 护坡垫层材料及尺寸应符合设计要求。

(2) 石料的粒径、级配、坚硬度、渗透系数,土工合成材料的保土、透水、防堵性能及抗拉强度,干填石料的块径、强度和黏土的土质均应符合设计要求。

（3）削坡应符合设计要求,护坡垫层的施工方法和程序均应符合相关规范的施工要求。

2. 质量评定

（1）护坡垫层单元工程质量检查项目与标准应符合表8-19 的规定。

表 8-19   垫层工程质量检查项目与标准

项次	检查项目	质量标准
1	垫层基面	符合设计要求
2	垫层材料	符合设计要求
3	垫层施工方法及程序	符合施工规范要求

（2）护坡垫层单元工程检测项目与标准应符合表 8-20 的规定。

表 8-20   垫层工程检测项目与标准

检测项目	质量标准
垫层厚度	每层厚度偏小值不大于设计厚度的 15%

（3）垫层厚度检测为每 20m² 检测一个点次。

（4）护坡垫层单元工程质量评定标准应符合以下规定:

1）合格标准:检查项目达到标准,检测项目合格率不小于 70%。

2）优良标准:检查项目达到标准,检测项目合格率不小于 90%。

三、毛石粗排护坡工程

1. 质量控制

毛石粗排护坡施工应符合以下要求:毛石粗排护坡工程坡面要做到丁向用石,层层压茬,结合平稳;禁用小石、片石,不得有通缝;坡面大致平顺,无明显外凸里凹现象。

2. 质量评定

（1）毛石粗排护坡单元工程质量检查应符合表 8-21 的

规定。

表 8-21　　　毛石粗排护坡质量检查项目与标准

项次	检查项目	质量标准
1	石料	大小均匀、质地坚硬,块重不小于 25kg 且厚度不小于 15cm
2	石料排砌	禁用小石、片石,结合平稳
3	缝宽	无宽度在 3cm 以上、长度在 50cm 以上的连续缝

（2）毛石粗排护坡单元工程质量检测项目与标准应符合表 8-22 的规定。

表 8-22　　　毛石粗排护坡质量检测项目与标准

项次	检测项目	质量标准
1	砌体厚度	允许偏差±5cm
2	坡面平整度	坡面坡度平顺,用 2m 靠尺检查凹凸不大于 10cm

（3）毛石粗排护坡单元工程质量检测的位置和数量应符合以下要求:厚度及平整度沿堤轴线长每 20m 应不少于一个检测点次。

（4）毛石粗排护坡单元工程的质量评定标准应符合以下规定:

1）合格标准:检查项目达到标准,检测项目合格率不小于 70%。

2）优良标准:检查项目达到标准,检测项目合格率不小于 90%。

四、干砌石护坡工程

1. 质量控制

干砌石护坡施工除应符合干砌石工程的施工要求外,尚应符合以下要求:

（1）脚槽开挖一定要按设计进行,槽的尺寸与高程（底高与顶高）均符合要求。

（2）石块要用手锤加工,打击口面,不得使用裂石及风化石。形状要大致整齐,块重以 30～50kg 为宜,不得夹带泥土污物。

(3) 在砌筑时不得破坏垫层或反滤设施,并应自下而上错缝竖砌,大面朝下,紧贴密实,大块封边表面平整,小石嵌缝,严禁出现通缝叠砌厚塞、小石集中充填、架空等现象。

2. 质量评定

(1) 干砌石护坡单元工程质量检查标准见表 8-23。

表 8-23　　　　砌石护坡单元工程质量检查标准

项次	检查项目	质量标准
1	面石用料	大小均匀,质地坚硬,不得使用风化石料,单块重量 25kg,最小边长不小于 20cm
2	腹石砌筑	排紧填严,无淤泥杂质
3	面石砌筑	禁止使用小块石,不得出现通缝、浮石、空洞
4	缝宽	无宽度在 1.5cm 以上、长度在 0.5m 以上的连续缝

(2) 干砌石护坡单元工程质量检测标准见表 8-24。

表 8-24　　　　干砌石护坡单元工程质量检测标准

项次	检测项目	质量标准
1	砌石厚度	允许偏差为设计厚度的±10%
2	坡面平整度	用 2m 靠尺测量,凹凸不超过 5cm

(3) 干砌石护坡单元工程质量检测的数量要求:厚度及平整度沿堤轴线方向每 10～20m 应不少于 1 个点次。

(4) 干砌石护坡单元工程质量评定标准应符合以下规定:

1) 合格标准:检查项目达到标准,检测项目合格率不小于 70%。

2) 优良标准:检查项目达到标准,检测项目合格率不小于 90%。

五、浆砌石护坡工程

1. 质量控制

浆砌石护坡施工除应符合干砌石工程的施工要求外,尚应符合以下要求：

（1）砌筑前，应在砌体外将石料上的泥垢冲洗干净，砌筑时保持砌石表面湿润。

（2）应采用坐浆法分层砌筑，普浆厚宜为 3～5cm，随铺浆随砌石，砌缝需用砂浆填充饱满，不得无浆直接贴靠，砌缝内砂浆应捣实，严禁先堆砌再用砂浆灌缝。

（3）上下层砌石应错缝砌筑，砌体外露面应平整美观，外露面上的砌缝应预留约 4cm 深的空隙，以备勾缝处理，水平缝宽不大于 2.5cm，竖缝宽应不大于 4cm。

（4）勾缝前必须清缝，用水冲净并保持缝槽内湿润，砂浆应分次向缝内填塞密实，勾缝砂浆标号应高于砌体砂浆，应按实有砌缝勾平整，严禁勾假缝、凸缝，砌筑完毕后应保持砌体表面湿润，做好保养。

（5）砂浆配合比、工作性能等应按设计要求通过实验确定，施工中应随时取样。

2. 质量评定

（1）浆砌石护坡单元工程质量检测项目与标准符合表 8-25 的规定。

表 8-25　　浆砌石护坡质量检测项目与标准

项次	检测项目	质量标准
1	砌石厚度	允许偏差为设计厚度的±10%
2	坡面平整度	用 2m 靠尺测量，凹凸不超过 5cm

（2）浆砌石护坡单元工程质量检测的数量应符合以下要求：厚度及平整度沿堤轴线方向每 10～20m 应不少于 1 个点次。

（3）浆砌石单元工程质量检查内容还应包括浆砌勾缝检查，浆砌勾缝检查应符合表 8-26 的规定。

（4）浆砌石单元工程质量检测数量要符合规定，并且每单元工程砂浆取试样 1～2 组进行 R28 抗压强度试验。

（5）浆砌石单元工程的质量评定标准应符合以下规定：

表 8-26　　　　　　　**浆砌勾缝检查**

项次	检查项目	质量标准
1	原材料	符合规范标准
2	砂浆的配合比	符合设计要求
3	勾缝	无裂缝、脱皮等现象
4	砌筑	空隙用小石子填塞,不得用砂浆充填

1) 合格标准:质量检查项目达到标准且水泥砂浆的 28d 抗压强度不小于设计强度的 80%。

2) 优良标准:质量检查项目达到标准且水泥砂浆的 28d 抗压强度不小于设计强度的 90%。

六、混凝土预制块护坡工程

1. 质量控制

混凝土预制块护坡施工应符合以下要求:

(1) 混凝土预制板强度应符合设计要求。

(2) 混凝土预制块铺砌平整稳定,缝隙应紧密,缝线应规则。

2. 质量评定

(1) 混凝土预制块护坡单元工程质量检查项目与标准见表 8-27。

表 8-27　混凝土预制块护坡单元工程质量检查项目与标准

项次	检查项目	质量标准
1	预制块外观	尺寸准确,整齐统一,表面清洁平整,强度符合设计要求
2	预制块铺砌	平整,稳定,缝隙规则、紧密

(2) 混凝土预制块护坡单元工程质量检测项目与标准见表 8-28。

表 8-28　混凝土预制块护坡单元工程质量检测项目与标准

检查项目	质量标准
坡面平整度	用 2m 靠尺测量,凹凸不超过 5cm

（3）混凝土预制块护坡单元工程坡面平整度质量检测沿堤轴线每 10～20m 应不少于 1 个点次。

（4）混凝土预制块护坡单元工程的质量评定标准应符合以下规定：

1）合格标准：检查项目达到标准，坡面平整度合格率不小于 70％。

2）优良标准：检查项目达到标准，坡面平整度合格率不小于 90％。

七、草皮护坡工程

（1）草皮的厚度不小于 3cm，铺砌要铲槽、贴紧、拍平（堤坡陡于 1∶2.5 时应采取固定措施），并洒水养护，不宜于草皮生长的土地应先铺一层腐殖土。

（2）护堤林、防浪林应按设计规定的树种结构和株行距布局，要求提前准备各类优质苗木，开挖树坑，适时栽种，保证苗木成活。

八、土堤包边盖顶工程

1. 质量控制

（1）土堤包边盖顶单元工程应按新堤修筑、老堤加高培厚或机淤填筑的具体施工堤段划分，每一施工时的堤段为一个单元。

（2）土堤包边盖顶应符合以下技术规定：

1）包边盖顶应选择黏性土。

2）包边盖顶应在土堤堤顶、堤坡按设计尺寸整理、淤区整平以后，按设计厚度均匀铺料。土堤包边也随主体填筑一并完成。

3）包边土料应分层填筑，并用夯具压实，压实干密度应符合堤坝土体标准干密度。

2. 质量评定

（1）土堤包边盖顶单元工程质量，主要检查填筑的土质，其质量应达到设计要求。

（2）土堤包边盖顶单元工程质量检测项目及质量标准应符合表 8-29 的规定。

表 8-29　土堤包边盖顶单元工程质量检测项目及质量标准

检测项目		质量标准
包边盖顶土体厚度	人工、机械运土	允许误差−30mm
	清淤	允许误差−30mm

（3）包边盖顶单元工程质量检测数量应符合下列规定：

1）厚度检测点数量为土堤每 30～50m 取 3～6 个测点，淤区 100～200m² 取一个测点。

2）压实质量检测点数量为工程每 50m 取 3～6 个测点。

（4）包边盖顶单元工程质量评定应在符合检查标准的前提下，检查点次合格率不小于 70% 评为合格；不小于 90% 评为优良。

九、崩岸整治工程

1. 质量控制

（1）崩岸整治工程的施工方法应符合相关规范的要求。

（2）崩岸整治的质量控制还应增加下列检查内容：崩岸段整治前水上、水下地形测量图是否齐全；崩坍岸坡铲削处理是否符合规范要求；窝崩崩口处理是否符合规范要求；水下探摸、测量是否及时，记录是否齐全；崩岸段上下游的过渡段是否按设计要求做好。

第五节　管理设施施工质量控制与评定

一、观测设备埋设安装质量控制

观测设施埋设安装的质量控制，应重点检查下列内容：

（1）观测设备的类型、规格、数量是否符合设计要求，埋件编号和率定资料是否齐全。

（2）检查埋设位置是否符合设计要求，埋设安装质量是否符合有关专业规范的规定。

（3）观测设施的外露部件，是否已有防护措施。

二、交通设施施工质量控制

检查交通和通信设施、生产和生活设施以及环境绿化、工程保护等项目的施工质量,是否符合设计要求和相应专业标准的规定。

三、其他管理设施施工质量控制

其他管理设施包括里程碑、百米断面桩、护堤地界桩、界牌、标志牌以及重要堤段的照明设施等,应按设计要求和相关专业规范要求实施。

第六节　质量评定的组织与管理

一、总则

(1)单元工程质量评定应在施工单位质检部门组织自评的基础上,由项目法人或委托监理单位核定。

(2)重要隐蔽工程及工程关键部位经施工单位自评合格后,由项目法人或委托监理、质量监督、设计、施工、管理运行等单位组成联合小组,共同核定其质量等级。

(3)分部工程质量评定应在施工单位质检部门自评的基础上,由项目法人或委托监理单位组织设计、施工、运行管理等单位评定其质量等级,报质量监督机构核备。

(4)在单位工程质量评定前应进行堤防工程外观质量评定。外观质量评定由工程质量监督机构组织项目法人、监理、设计、施工及管理运行等单位具有中级及以上技术职称的有关代表共同进行,参加人员总数不宜少于5人。

(5)单位工程质量评定是在施工单位自评的基础上,由项目法人或委托监理单位复核,报质量监督机构核定。

(6)工程项目的施工质量等级由该项目质量监督机构评定。

(7)质量监督机构应在工程竣工验收前提出工程质量评定报告,向工程竣工验收委员会提出工程质量等级的建议。

(8)工程质量事故处理后,应按照处理方案的质量要求,重新进行工程质量检测和评定。

二、单元工程质量评定

（1）单元工程（或工序）质量达不到合格标准时，必须及时处理。其质量等级按下列规定确定：全部返工重做的，可重新评定质量等级；经加固补强并经鉴定能达到设计要求的，其质量只能评定为合格；经鉴定达不到设计要求，但项目法人认为能基本满足安全和使用功能要求的，可不加固补强；或经加固补强后，造成外形尺寸改变或永久性缺陷的，经项目法人认为基本满足设计要求，其质量可按合格处理。

（2）项目法人或监理单位在核定单元工程质量时，除应检查工程现场外，还应对该单元工程的施工原始记录、质量检验记录等资料进行查验，确认单元工程质量评定表所填写的数据、内容的真实和完整性，必要时可进行抽检。单元工程质量评定表中应明确记载项目法人或监理单位对单元工程质量等级的核定意见。

三、分部工程质量评定

（1）分部工程质量评定标准如下：

1）合格标准：单元工程质量全部合格，原材料及中间产品质量全部合格。

2）优良标准：单元工程质量全部合格，其中有50％以上达到优良，主要单元工程、重要隐蔽工程及关键部位的单元工程质量优良，且未发生过质量事故；原材料和中间产品质量全部合格。

（2）进行分部工程质量评定时，应对工程原始施工记录、工程质量检验等资料进行核实。评定人员必须在质量等级评定意见后签名，如有保留意见应明确记载。

四、单位工程质量评定

（1）单位工程质量评定标准如下：

1）合格标准：分部工程质量全部合格，原材料及中间产品质量全部合格，外观质量得分率达到70％以上，施工质量检验资料齐全。

2）优良标准：分部工程质量全部合格，其中有50％以上达到优良，主要分部工程质量优良，且施工中未发生过较大及其以上质量事故;原材料及中间产品质量全部合格,其中混凝土拌和物质量必须优良;外观质量得分率达到85%以上;施工质量检验资料齐全。

(2)质量监督机构在进行单位工程质量等级核定时,应结合其对本单位工程质量的监督检查过程、质量抽检及资料检查等情况进行综合评价。

五、工程项目质量评定

(1)工程项目质量评定标准如下:

1)合格标准:单位工程质量全部合格。

2)优良标准:单位工程质量全部合格,其中有50%以上的单位工程质量优良,且主要单位工程质量优良。

(2)质量监督机构根据上述标准,结合施工过程中对工程质量的监督情况进行综合评价,提出质量等级评定意见,由竣工验收委员会确定工程项目质量等级。

第九章

施 工 安 全

第一节　施 工 安 全 组 织

（1）设立安全小组，配备专职和兼职安全员，建立安全网络。

（2）严格执行国家的有关安全方针、政策和法规。

（3）对参加施工的全体人员进行"安全第一、预防为主，安全生产、人人有责"安全活动教育。根据具体情况制定安全守则，健全安全生产岗位制，杜绝发生重大人身伤亡事故，预防一般事故发生。

第二节　安 全 技 术 措 施

（1）在施工期内，按照国家、省、市颁布的有关安全法规、规程和安全生产条例、规章，建立以项目经理为首的安全领导小组，制定并实施一系列安全措施，贯彻落实"安全生产，预防为主"的方针，确保工程现场施工安全。安全目标：杜绝一、二类人身伤亡、机械设备及工程质量事故。避免三类事故和社会治安事故，维护工地正常生产、生活秩序；防止四类一般性小事故，确保施工按计划完成。

（2）开工前组织有关人员认真学习安全防护规程，遵照"管生产必须管安全"的原则，项目经理是安全生产的第一负责人，设置专职安全员，负责安全生产责任制的制定和执行落实，经常到工作面进行检查，发现问题，及时处理，做到定时、定人、定措施整改，杜绝不安全因素。

（3）树立"安全第一"的思想，提高职工的安全意识和自我保护意识，定期举行安全会议，检查安全责任制和安全措施的落实情况，各作业班组在交接前后，均进行安全作业情况的检查和总结。在主要进场道路口设置醒目的安全告示牌。

（4）加强劳保用品的管理，按国家劳动保护法的规定，现场作业人员一律配发相应的劳动保护用品，如安全帽、安全带、防尘面具等。

（5）加强夜间生产、生活安全措施，场内道路、作业面布置足够的照明灯具。

（6）施工期按时收听、收看天气预报。

（7）加强操作工的安全技术教育和培训，新入场工人上岗前先进行"三级"安全教育。建立安全档案，做好安全技术交底工作。特殊工种如各种机械、电气设备、车辆、船舶等机械操作应杜绝无证作业。定机定人，严格按安全操作规程作业。

（8）加强施工用电和电机设备的安全管理，低压电器线路按标准离地 5m 以上临空架设，严禁乱拉乱接，对施工作业面临时线路进行挂高离地 2m 以上布置。对电机设备和用电机具进行切实有效的安全接地和接零保护，做好日常保护保养和定期检修工作，防止漏电、触电事故发生。

（9）施工现场配置颜色统一并有警示标记的配电箱，并进行编号，做到门锁齐全，禁止乱拉乱合。

（10）加强安全防火知识教育，增强职工冬季防火意识，严禁使用电炉，合理布置消防设施，对职工进行基本的防火器材使用示范训练，做到人人都会使用简单的消防器材，真正做到群防群治，把火灾事故消灭在萌芽状态。

（11）对防火重点场所、仓库（如木工厂）挂置醒目的禁火牌，执行动火许可证制度，严禁无证动火，加强防火器材的配置和定期检查，确保万无一失。

（12）禁止职工酒后上班，严禁施工人员酒后作业。

（13）设立月度安全奖励制度，开展"百日无安全事故"活动,争取本工程项目无安全事故。

（14）建立职工安全档案,严格执行安全生产"六大纪律"和安全生产"十个不准",严禁违章指挥和违章作业,对有违章行为者根据违章情节给予处罚和追究责任,并计入安全档案。

（15）建立安全保证体系(图 9-1)。

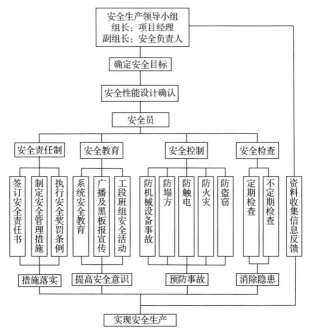

图 9-1　安全保证体系

参 考 文 献

[1] 陈强,沈育民,童克强,胡向阳,陈彦生.中小型堤防工程简明技术指南[M].北京:中国水利水电出版社,2012.

[2] 魏山忠,滕建仁,等.堤防工程施工工法概论[M].北京:中国水利水电出版社,2007.

[3] 王凯南,周从烈,等.切槽法[M].北京:中国水利水电出版社,2006.

[4] 吴德绪,何沛田,等.抓斗法[M].北京:中国水利水电出版社,2006.

[5] 陶亦寿,谭界雄,等.抛石法[M].北京:中国水利水电出版社,2006.

[6] 曹星,陈元明,等.吹填法[M].北京:中国水利水电出版社,2006.

[7] 邵政权,杨金平,等.板桩法[M].北京:中国水利水电出版社,2006.

[8] 李刚,廖勇龙,等.高喷法[M].北京:中国水利水电出版社,2006.

[9] 蔡胜华,黄智勇,等.注浆法[M].北京:中国水利水电出版社,2006.

[10] 张生,张延乐.堤防工程施工与质量控制[M].郑州:黄河水利出版社,2006.

[11] 刘宁,等.堤防加固工程施工技术条件与招标导引[M].北京:中国水利水电出版社,2002.

[12] SL 52—2015,水利水电工程施工测量规范[S].

[13] GB/T 12897—2006,国家一、二等水准测量规范[S].

[14] GB/T 12898—2009,国家三、四等水准测量规范[S].

[15] SL 237—1999,土工试验规程[S].

[16] DL/T 5133—2001,水电水利工程施工机械选择设计导

则[S].

[17] GB 50286—2013,堤防工程设计规范[S].

[18] SL 260—2014,堤防工程施工规范[S].

[19] SL 251—2015,水利水电工程天然建筑材料勘察规程
     [S].

[20] SL 677—2014,水工混凝土施工规范[S].

[21] SL 352—2006,水工混凝土试验规程[S].

[22] GB 50202—2013,建筑地基基础工程施工质量验收规
     范[S].

[23] SL 634—2012,水利水电工程单元工程施工质量验收评
     定标准——堤防工程[S].

[24] GB/T 50123—1999,土工试验方法标准[S].

内容提要

本书是《水利水电工程施工实用手册》丛书之《堤防工程施工》分册,以国家现行建设工程标准、规范、规程为依据,结合编者多年工程实践经验编纂而成。全书共 9 章,内容包括:施工准备、度汛与导流、筑堤材料、堤基施工、堤身填筑与砌筑、防护工程施工、加固与扩建、质量控制与质量评定、施工安全。

本书适合水利水电施工一线工程技术人员、操作人员使用。可作为水利水电堤防工程施工作业人员的培训教材,亦可作为大专院校相关专业师生的参考资料。

《水利水电工程施工实用手册》